建筑工程施工现场专业人员
上岗必读丛书

第2版

CELIANGYUAN BIDU

测量员必读

主编　程　芬
参编　安富强　彭怀富

中国电力出版社
CHINA ELECTRIC POWER PRESS

内 容 提 要

本书是根据《建筑与市政工程施工现场专业人员职业标准》（JGJ/T 250—2011）中关于资料员岗位技能要求，结合现场施工技术与管理实际工作需要来编写的。本书内容主要包括测量员岗位涵盖的测量基础知识、距离测量、水准测量、角度测量、建筑施工测量、市政工程施工测量、地形图测绘、竣工测量及竣工图绘制等。本书是测量员岗位必备的技术手册，也适合作为岗前、岗中培训与学习教材使用。

图书在版编目（CIP）数据

测量员必读/程芬主编. —2 版. —北京：中国电力出版社，2017.7
（建筑工程施工现场专业人员上岗必读丛书）
ISBN 978 - 7 - 5198 - 0545 - 6

Ⅰ.①测… Ⅱ.①程… Ⅲ.①建筑测量—基本知识 Ⅳ.①TU198

中国版本图书馆 CIP 数据核字（2017）第 061303 号

出版发行：中国电力出版社
地　　址：北京市东城区北京站西街 19 号（邮政编码 100005）
网　　址：http://www.cepp.sgcc.com.cn
责任编辑：周娟华　010 - 63412601
责任校对：郝军燕
装帧设计：张俊霞
责任印制：单　玲

印　　刷：北京市同江印刷厂
版　　次：2013 年 6 月第一版　2017 年 7 月第二版
印　　次：2017 年 7 月北京第二次印刷
开　　本：710 毫米×1000 毫米　16 开本
印　　张：12.5
字　　数：214 千字
定　　价：39.80 元

前　言

　　建筑工程施工现场专业技术管理人员队伍的素质，是影响工程质量和安全的关键因素。行业标准《建筑与市政工程施工现场专业人员职业标准》（JGJ/T 250—2011）的颁布实施，对建设行业开展关键岗位培训考核和持证上岗工作，对于提高建筑从业人员的专业技术水平、管理水平和职业素养，促进施工现场规范化管理，保证工程质量和安全，推动行业发展和进步发挥了重要作用。

　　为了更好地贯彻落实《建筑与市政工程施工现场专业人员职业标准》（JGJ/T 250—2011）和 2015 年最新颁布的《建筑业企业资质管理规定》（中华人民共和国住房和城乡建设部令第 22 号）等法规文件要求，不断加强建筑与市政工程施工现场专业人员队伍建设，全面提升专业技术管理人员的专业技能和现场实际工作能力，推动建设科技的工程应用，完善和提高工程建设现代化管理水平，我们组织编写了这套专业技术人员上岗必读系列丛书，旨在从岗前培训考核到实际工程现场施工应用中，为工程专业技术人员提供全面、系统、最新的专业技术与管理知识、岗位操作技能等，满足现场施工实际工作需要。

　　本丛书主要依据建筑工程现场施工中各专业技术管理人员的实际工作技能和岗位要求，按照职业标准针对各岗位工作职责、专业知识、专业技能等相关规定，遵循"易学、易查、易懂、易掌握、能现场应用"的原则，把各专业人员岗位实际工作项目和具体工作要点精心提炼，使岗位工作技能体系更加系统、实用与合理。丛书重点突出、层次清晰，极大地满足了技术管理工作和现场施工应用的需要。

　　本书主要内容包括测量员岗位涵盖的测量基础知识、距离测量、水准测量、角度测量、建筑施工测量、市政工程施工测量、地形图测绘、竣工测量及竣工图绘制等。本书内容丰富、全面、实用，技术先进，可作为测量员岗位的技术手册，还可以作为大中专院校土木工程专业教材以及工人培训教材使用。

由于时间仓促和能力有限，本书难免有谬误之处和不完善的地方，敬请读者批评指正，以期通过不断的修订与完善，使本丛书能真正成为工程技术人员岗位工作的必备助手。

编　者

2017 年 3 月　北京

第一版前言

国家最新颁布实施的《建筑与市政工程施工现场专业人员职业标准》（JGJ/T 250—2011），为科学、合理地规范工程建设行业专业技术管理人员的岗位工作标准及要求提供了依据，对全面提高专业技术管理人员的工程管理和技术水平、不断完善建设工程项目管理水平及体系建设，加强科学施工与工程管理，确保工程质量和安全生产将起到很大的促进作用。

随着建设事业的不断发展、建设科技的日新月异，对于建设工程技术管理人员的要求也不断变化和提高，为更好地贯彻和落实国家及行业标准对于工程技术人员岗位工作及素质要求，促进建设科技的工程应用，完善和提高工程建设现代化管理水平，我们组织编写了这套《建筑工程施工现场专业人员上岗必读丛书》，旨在为工程专业技术人员岗位工作提供全面、系统的技术知识与解决现场施工实际工作中的需要。

本丛书主要根据建筑工程施工中各专业岗位在现场施工的实际工作内容和具体需要，结合岗位职业标准和考核大纲的标准，充分贯彻《建筑与市政工程施工现场专业人员职业标准》（JGJ/T 250—2011）有关于工程技术人员岗位工作职责、应具备的专业知识、应具备的专业技能等三个方面的素质要求，以岗位必备的管理知识、专业技术知识为重点，注重理论结合实际；以不断加强和提升工程技术人员职业素养为前提，深入贯彻国家、行业和地方现行工程技术标准、规范、规程及法规文件要求；以突出工程技术人员施工现场岗位管理工作为重点，满足技术管理需要和实际施工应用。力求做到岗位管理知识及专业技术知识的系统性、完整性、先进性和实用性。

本丛书在工程技术人员工程管理和现场施工工作需要的基础上，充分考虑到能兼顾不同素质技术人员、各种工程施工现场实际情况不同等多种因素，并结合专业技术人员个人不断成长的知识需要，针对各岗位专业技术人员管理工作的重点不同，分别从岗位管理工作与实务知识要求、工程现场实际技术工作重点、新技术应用等不同角度出发，力求在既不断提高各岗位技术人员工程管理水平的同时，又能不断加强工程现场施工管理，保证工程质量、安全。

本书内容涵盖了测量员岗位工作基本知识，距离测量，水准测量，角度测量，建筑施工测量，市政工程施工测量，地形图测绘，竣工测量及竣工图绘制，新型测量仪器的构造及使用等，力求使测量员岗位管理工作更加科学化、系统化、规范化，并确保新技术的先进性和实用性、可操作性。

由于时间仓促和能力有限，本书难免有谬误之处和不完善的地方，敬请读者批评指正。

编　者

目　录

测量基础知识

一、测量坐标系

1. 大地坐标系

在图 1-1 中，NS 为椭球的旋转轴，N 表示北极，S 表示南极。通过椭球旋转轴的平面称为子午面，而其中通过原格林尼治天文台的子午面称为起始子午面。子午面与椭球面的交线称为子午圈，也称子午线。通过椭球中心且与椭球旋转轴正交的平面称为赤道面，它与椭球面相截所得的曲线称为赤道。其他平面与椭球旋转轴正交，但不通过球心，这些平面与椭球面相截所得的曲线，称为平行圈或纬圈。起始子午面和赤道面，是在椭球面上某一确定点投影位置的两个基本平面。在测量工作中，点在椭球面上的位置用大地经度 L 和大地纬度 B 表示。

所谓某点的大地经度，就是该点的子午面与起始子午面所夹的二面角；大地纬度就是通过该点的法线（与椭球面相垂直的线）与赤道面的交角。大地经度 L 和大地纬度 B，统称为大地坐标。大地经度与大地纬度以法线为依据，也就是说，大地坐标以参考椭球面作为基准面。

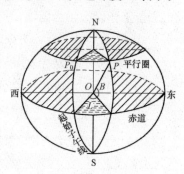

图 1-1 大地坐标系

由于 P 点的位置通常是在该点上安置仪器，并用天文测量的方法来测定的。这时，仪器的竖轴必然与铅垂线相重合，即仪器的竖轴与该处的大地水准面相垂直。因此，用天文观测所得的数据以铅垂线为准，也就是说以大地水准面为依据。这种由天文测量求得的某点位置，可用天文经度 λ 和天文纬度 ϕ 表示。

不论是大地经度 L 还是天文经度 λ，都要从起始子午面算起。在格林尼治以东的点，从起始子午面向东计，由 $0°$ 到 $180°$ 称为东经；同样，在格林尼治以西的点，则从起始子午面向西计，由 0°到 180°称为西经，实际上东经 180°与西经 180°是同一个子午面。我国各地的经度都是东经。不论大地纬度 B 还是天文纬度 ϕ，都从赤道面起算，在赤道以北的点的纬度由赤道面向北计，由 0°到 90°，称为北纬；在赤道以南的点，其纬度由赤道面向南计，也是由 0°到 90°，称为南纬。我国疆域全部在赤道以北，各地的纬度都是北纬。

在测量工作中，某点的投影位置一般用大地坐标 L 及 B 来表示。但实际进行观测时，如量距或测角都是以铅垂线为准的，因而所测得的数据若要求精确地换算成大地坐标，则必须经过改化。在普通测量工作中，由于要求的精确程度不是很高，所以可以不考虑这种改化。

2. 平面直角坐标系

在小区域内进行测量工作，若采用大地坐标来表示地面点位置是不方便的，通常是采用平面直角坐标。某点用大地坐标表示的位置，是该点在球面上的投影位置。研究大范围地面形状和大小时，必须把投影面作为球面，由于在球面上求解点与点间的相对位置关系是比较复杂的问题，测量上，计算和绘图最好在平面上进行。所以，在研究小范围地面形状和大小时，常把球面的投影面当作平面看待。也就是说，测量区域较小时，可以用水平面代替球面作为投影面。这样，就可以采用平面直角坐标来表示地面点在投影面上的位置。测量工作中所用的平面直角坐标系，与数学中的直角坐标系基本相同，只是坐标轴互换，象限顺序相反。测量工作以 x 轴为纵轴，一般用它表示南北方向；以 y 轴为横轴，表示东西方向，如图 1-2 所示，这是由于在测量工作中坐标系中的角通常是指以北方为准，按顺时针方向到某条边的夹角，而三角学中三角函数的角则是从横轴按逆时针计的缘故。把 x 轴与 y 轴纵横互换后，全部三角公式都同样能在测量计算中应用。测量上用的平面直角坐标的原点，有时是假设的。一般可以把坐标原点 O 假设在测区西南以外，使测区内各点坐标均为正值，以便于计算应用。

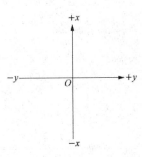

图 1-2 平面直角坐标系

3. 高斯平面坐标系

当测区范围较小，把地球表面的一部分当作平面看待，所测得地面点的位置或一系列点所构成的图形，可直接用相似而缩小的方法描绘到平面上去。但如果测区范围较大，由于存在较大的差异，就不能用水平面代替球面。而作为大地坐标投影面的旋转椭球面，又是一个"不可展"的曲面，不能简单地展成平面。这样，就不能把地球很大一块地表面当作平面看待，必须将旋转椭球面上的点位换算到平面上，测量上称为地图投影。投影方法有多种，投影中可能存在角度、距离和面积三种变形，因此必须采用适当的投影方法来解决这个问题。测量工作中，通常采用的是保证角度不变形的高斯投影方法。

为简单计，把地球作为一个圆球看待，设想把一个平面卷成一个横圆柱，把它套在圆球外面，使横圆柱的轴心通过圆球的中心，把圆球面上一根子午线与横圆柱相切，即这条子午线与横圆柱重合，通常称它为"中央子午线"或称"轴子午线"。因为这种投影方法把地球分成若干范围不大的带进行投影，带的宽度一般分为经差 6°、3°和 1.5°等几种，简称为 6°带、3°带和 1.5°带。6°带是这样划分的，它是从 0°子午线算起，以经度每差 6°为一带，此带中间的一条子午线，就是此带的中央子午线或称轴子午线。以东半球来说，第一个 6°投影带的中央子午线是东经 3°，第二带的中央子午线是东经 9°，依此类推。对于 3°投影带来说，它是从东经 1°30′开始每隔 3°为一个投影带，其第一带的中央子午线是东经 3°，而第二带的中央子午线是东经 6°，依此类推。图 1-3 表示两种投影的分带情况。中央子午线投影到横圆柱上是一条直线，把这条直线作为平面坐标的纵坐标轴即 x 轴。所以中央子午线也称轴子午线。另外，扩大赤道面与横圆柱相交，这条交线必然与中央子午线相垂直。若将横圆柱沿母线切开并展平后，在圆柱面上（即投影面上）

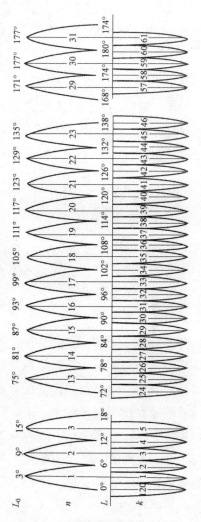

图 1-3　两种投影的分带情况

即形成两条互成正交的直线，如图 1-4 所示。这两条正交的直线相当于平面直角坐标系的纵横轴，故这种坐标既是平面直角坐标，又与大地坐标的经纬度发生联系，对大范围的测量工作也就适用了。这种方法由高斯创意并经克吕格改进的，因而通常称它为高斯—克吕格坐标。

在高斯平面直角坐标系中，以每一带的中央子午线的投影为直角坐标系的纵

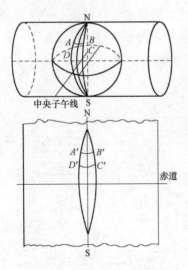

图1-4 高斯—克吕格坐标

轴 x，向北为正，向南为负；以赤道的投影为直角坐标系的横轴 y，向东为正，向西为负；两轴交点 O 为坐标原点。由于我国领土位于北半球，因此，x 坐标值均为正值，y 坐标可能有正有负，如图 1-5 所示，A、B 两点的横坐标值分别为

$$y_A = +148\,680.54\text{m}, y_B = -134\,240.69\text{m}$$

为了避免出现负值，将每一带的坐标原点向西平移 500km，即将横坐标值加 500km，则 A、B 两点的横坐标值为

$$y_A = +500\,000 + 148\,680.54 = 648\,680.54\text{m}$$
$$y_B = 500\,000 - 134\,240.69 = 365\,759.31\text{m}$$

为了根据横坐标值能确定某一点位于哪一个 6°（或 3°）投影带内，再在横坐标前加注带号，例如，如果 A 点位于第 21°带，则其横坐标值为

$$y_A = 216\,486\,80.54\text{m}$$

4. 空间直角坐标系

由于卫星大地测量日益发展，空间直角坐标系也被广泛采用，特别是在 GPS 测量中必不可少。它是用空间三维坐标来表示空间一点的位置的，这种坐标系的原点设在椭球的中心 O，三维坐标用 x、y、z 三者表示，故亦称地心坐标。它与大地坐标有一定的换算关系。随着 GPS 测量的普及使用，目前，空间直角坐标已逐渐被军事及国民经济各部门采用，作为实用坐标。

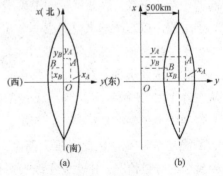

图1-5 坐标值的确定

二、确定地面点

1. 高程

地面点到大地水准面的距离，称为绝对高程，又称海拔，简称高程。在图 1-6 中的 A、B 两点的绝对高程为 H_A、H_B。由于受海潮、风浪等的影响，海水面的高低时刻在变化着，我国在青岛设立验潮站，进行长期观测，取黄海平均海

水面作为高程基准面，建立 1956 年黄海高程系。其中，青岛国家水准原点的高程为 72.289m。该高程系自 1987 年废止，并且启用了 1985 年国家高程基准，其中原点高程为 72.260m。全国布置的国家高程控制点——水准点，都是以这个水准原点为起算的。在实际工作中使用测量资料时，一定要注意新旧高程系统的差别，注意新旧系统中资料的换算。

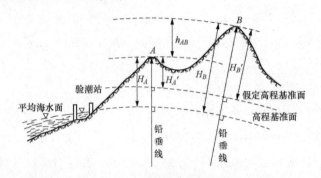

图 1-6　地面点的高程示意图

在局部地区或某项建设工程远离已知高程的国家水准点，可以假设任意一个高程基准面为高程的起算基准面：指定工地某个固定点并假设其高程，该工程中的高程均以这个固定点为准，即所测得的各点高程都是以同一任意水准面为准的假设高程（也称相对高程）。将来如有需要，只需与国家高程控制点联测，再经换算成绝对高程就可以了。地面上两点高程之差称为高差，一般用 h 表示。不论是绝对高程还是相对高程，其高差均相同。

测量工作的基本任务是确定地面点的空间位置，确定地面点空间位置需要三个量，即确定地面点在球面上或平面上的投影位置（即地面点的坐标）和地面点到大地水准面的铅垂距离（即地面点的高程）。

2. 绝对高程（H）

绝对高程（H）是地面上一点到大地水准面的铅垂距离。如图 1-7 所示，A点、B 点的绝对高程分别为 $H_A = 44$m、$H_B = 78$m。

3. 相对高程（H'）

相对高程（H'）是地面上一点到假定水准面的铅垂距离。如图 1-7 所示，A

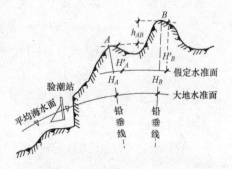

图 1-7　绝对高程与相对高程

点、B 点的相对高程为 $H'_A = 24\text{m}$、$H'_B = 58\text{m}$。

在建筑工程中，为了对建筑物整体高程定位，均在总图上标明建筑物首层地面的设计绝对高程。此外，为了方便施工，在各种施工图中多采用相对高程。一般地，将建筑物首层地面定为假定水准面，其相对高程为 ± 0.000。假定水准面以上高程为正值；假定水准面以下高程为负值。例如，某建筑首层地面相对高程 $H'_0 = \pm 0.000$（绝对高程 $H_0 = 44.800\text{m}$），室外散水相对高程为 $H'_散 = -0.600\text{m}$，室外热力管沟底的相对高程 $H'_沟 = -1.700\text{m}$，二层地面相对高程为 $H'_{二层} = +2.900\text{m}$。

（1）已知相对高程来计算绝对高程的方法。

则 P 点绝对高程 $H_P = P$ 点相对高程 $H'_P +$（± 0.000 的绝对高程）H_0。

如上题中某建筑物的相对标高：室外散水 $H'_散 = -0.600\text{m}$、室外热力管沟底 $H'_沟 = -1.700\text{m}$ 与二层地面 $H'_{二层} = +2.900\text{m}$，其绝对高程（H）分别为

$$H_散 = H'_散 + H_0 = -0.600\text{m} + 44.800\text{m} = 44.200\text{m}$$

$$H_沟 = H'_沟 + H_0 = -1.700\text{m} + 44.800\text{m} = 43.100\text{m}$$

$$H_{二层} = H'_{二层} + H_0 = +2.900\text{m} + 44.800\text{m} = 47.700\text{m}$$

（2）已知绝对高程来计算相对高程的方法。

则 P 点相对高程 $H'_P = P$ 点绝对高程 $H_P - （\pm 0.000）$ 的绝对高程 H_0。

如计算上述某建筑外 25.000m 处路面绝对高程 $H_路 = 43.700\text{m}$，其相对高程为：

$$H'_路 = H_路 - H_0 = 43.700\text{m} - 44.800\text{m} = -1.100\text{m}$$

4. 高差（h）

两点间的调和差。若地面上 A 点与 B 点的高程 $H_A = 44\text{m}$（$H'_A = 24\text{m}$）与 $H_B = 78\text{m}$（$H'_B = 58\text{m}$）均已知，则 B 点对 A 点的高差

$$h_{AB} = H_B - H_A = 78\text{m} - 44\text{m} - 34\text{m}$$

$$= H'_B - H'_A = 58\text{m} - 24\text{m} = 34\text{m}$$

h_{AB} 的符号为正时，表示 B 点高于 A 点；符号为负时，表示 B 点低于 A 点。

5. 坡度（i）

一条直线或一个平面的倾斜程度，一般用 i 表示。水平线或水平面的坡度等于零（$i = 0$），向上倾斜称为升坡（＋）、向下倾斜称为降坡（－）。在建筑工程中，如屋面、厕浴间、阳台地面、室外散水等均需要有一定的坡度，以便排水。

在市政工程中，如各种地下管线，尤其是一些无压管线（如雨水和污水管道），均要有一定坡度，各种道路在中线方向要有纵向坡度，在垂直中线方向上还要有横向坡度，各种广场与农田均要有不同方向的坡度，以便排水与灌溉。

如图 1-8 所示，AB 两点间的高差 h_{AB} 比 AB 两点间的水平距离 D_{AB} 即为坡度，亦即 AB 斜线倾斜角（θ）的正切（$\tan\theta$），一般用百分比（%）或千分比（‰）表示：

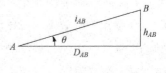

图 1-8　高差与坡度

$$i_{AB} = \tan\theta = \frac{H_B - H_A}{D_{AB}} = \frac{h_{AB}}{D_{AB}}$$

三、距离测量

根据不同的精度要求，距离测量有普通量距和精密量距两种方法。精密量距时所量长度一般都要加尺长、温度和高差三项改正数，有时必须考虑垂曲改正。丈量两已知点间的距离，使用的主要工具是钢卷尺，精度要求较低的量距工作，也可使用皮尺或测绳。

1. 普通量距

先用经纬仪或以目估进行定线。如地面平坦，可按整尺长度逐步丈量，直至最后量出两点间的距离。若地面起伏不平，可将尺子悬空并目估使其水平。以垂球或测钎对准地面点或向地面投点，测出其距离。地面坡度较大时，则可把一整尺段的距离分成几段丈量；也可沿斜坡丈量斜距，再用水准仪测出尺端间的高差，然后求出高差改正数，将倾斜距离改化成水平距离。

2. 精密量距

用经纬仪进行直线方向按尺段（即钢尺检定时的整长）丈量距离。当全段距离量完之后按同法进行返测，往返丈量一次为一测回，一般应测量二测回以上。量距精度以两测回的差数与距离之比表示。使用普通钢尺进行精密量距，其相对误差一般可达 1/50 000 以上。

四、测量误差

1. 测量误差基本概念

测量工作是由人在一定的环境和条件下，使用测量仪器设备以及测量工具，按一定的测量方法进行的，其测量的成果自然要受到人、仪器设备、作业环境以及测量方法的影响。在测量过程中，不论人的操作多么仔细、仪器设备多么精密、测量方法多么周密，总会受到其自身的具体条件限制，同时其作业环境也会发生一些无法避免的变化。所以，测量成果总会存在差异，也就是说，测量成果中总会存在着测量误差。比如，对某一段距离往返测若干次，或对某一角度正倒镜反复进行观测，每次测量的结果往往不一致，这都说明测量误差的存在。但应注意，测量误差与发生粗差（错误）是性质不同的，粗差的出现是由于操作错误或粗心大意造成的，它的大小往往超出正常的测量误差的范围，它又是可以避免的。测量理论上研究的测量误差不包括粗差。

2. 测量误差产生的原因

测量误差产生的原因一般有以下几方面。

（1）人的因素。由于人的感觉器官的鉴别能力是有限的，受此限制，人在安置仪器、照准目标及读数等几方面产生测量误差。

（2）仪器设备及工具的因素。由于仪器制造和校正不可能十分完善，允许有一定的误差范围，使用仪器设备及工具进行测量，会产生正常的测量误差。

（3）外界条件的因素。在测量过程中，由于外界条件（如温度、湿度、风力、气压、光线等）不断发生变化，也会对测量值带来测量误差。

根据以上情况，可以说明测量误差的产生是不可避免的，任何一个观测值都会包含测量误差。因此测量工作不仅要得到观测成果，而且还要研究测量成果所具有的精度，测量成果的精度是由测量误差的大小来衡量的。测量误差越大，反映出测量精度越低；反之，误差越小，精度越高。所以，在测量工作中，必须对测量误差进行研究，对不同的误差采取不同的措施，最终达到消除或减少误差对测量成果的影响，提高和保证测量成果的精度。

3. 测量误差的分类

测量误差按其性质可分为系统误差和偶然误差两类。

（1）系统误差。在相同的观测条件下，对某量进行一系列的观测，如果测量误差的数值大小和符号保持相同，或按一定规律变化，这种误差称为系统误差。产生系统误差的主要原因是测量仪器和工具的构造不完善或校正不完全准确。例如，一条钢尺名义长度为30m，与标准长度比较，其实际长度为29.995m。用此钢尺进行量距时，每量一整尺，就会比实际长度长出0.005m，这个误差的大小和符号是固定的，就是属于系统误差。

系统误差具有积累性，对测量的成果精度影响很大，但由于它的数值的大小和符号有一定的规律，所以，它可以通过计算改正或用一定的观测程序和观测方法进行消除。例如，在用钢尺量距时，可以先通过计算改正进行钢尺检定，求出钢尺的尺长改正数，然后再在计算时对所量的距离进行尺长改正，消除尺长误差的影响。

(2) 偶然误差。在相同的观测条件下，对某量进行一系列的观测，如果观测误差的数值的大小和符号都不一定相同，从表面上看没有什么规律性，但就大量误差的总体而言，又具有一定的统计规律性。这种误差称为偶然误差。例如，使用测距仪测量一条边时，其每一次测量结果往往会因为温度气压变化以及仪器本身测距精度影响而出现差异，这个差值大小和符号不同，但大量统计差值又会发现此差值不会超出一个较小的范围。而且相对于其平均值而言，其正负差值出现的次数接近相等，这个误差就是偶然误差。

偶然误差的产生，是由人、仪器和外界条件等多方面因素引起的，它随着各种偶然因素综合影响而不断变化。对于这些在不断变化的条件下所产生的大小不等、符号不同但又不可避免的小的误差，找不到一个能完全消除它的方法。因此可以说，在一切测量结果中都不可避免地包含偶然误差。一般来说，测量过程中，偶然误差和系统误差同时发生，而系统误差在一般情况下可以采取适当的方法加以消除或减弱，使其减弱到与偶然误差相比处于次要的地位。这样就可以认为，在观测成果中主要存在偶然误差。我们在测量学科中所讨论的测量误差一般就是指偶然误差。

偶然误差从表面上看没有什么规律，但就大量误差的总体来讲，则具有一定的统计规律，并且观测值数量越大，其规律性就越明显。人们通过反复实践，统计和研究了大量的各种观测的结果，总结出偶然误差具有以下的特性。

1) 在一定的观测条件下，偶然误差的绝对值不会超过一定的范围。

2) 绝对值小的误差比绝对值大的误差出现的机会多。

3) 绝对值相等的正误差和负误差出现的机会相等。

4) 偶然误差的算术平均值随着观测次数的无限增加而趋于零，即

$$\lim_{n \to \infty} \frac{[\Delta]}{n} = 0 \tag{1-1}$$

式中　n——观测次数；

　$[\Delta]$——等于 $\Delta_1 + \Delta_2 + \cdots + \Delta_i + \cdots + \Delta_n$，其中 Δ_i 表示第 i 次观测的偶然误差。

根据偶然误差的特性可知，当对某量有足够多的观测次数时，其正的误差和

负的误差可以互相抵消。因此，我们可以采用多次观测，最后计算取观测结果的算术平均值，作为最终观测结果。

4. 衡量误差的标准

（1）标准差与中误差。设对某真值 l 进行了 n 次等精度独立观测，得观测值 l_1，l_2，…，l_n，各观测量的真误差为 Δ_1，Δ_2，…，Δ_n（$\Delta_i = l_i - l$），可以求得该组观测值的标准差为

$$\sigma = \pm \lim_{n \to \infty} \sqrt{\frac{[\Delta\Delta]}{n}} \qquad (1-2)$$

在测量生产实践中，观测次数 n 总是有限的，这时，根据式（1-2）只能求出标准差的估计值 $\hat{\sigma}$，通常又称 $\hat{\sigma}$ 为中误差，用 m 表示，即有

$$\hat{\sigma} = m = \pm \sqrt{\frac{[\Delta\Delta]}{n}} \qquad (1-3)$$

【例 1-1】　某段距离使用因瓦基线尺丈量的长度为 49.984m。因丈量的精度很高，可以视为真值。现使用 50m 钢尺丈量该距离 6 次，观测值列于表 1-1 中，试求该钢尺一次丈量 50m 的中误差。

因为是等精度独立观测，所以 6 次距离观测值的中误差均为 ±5.02mm。

表 1-1　　　　　　　　　　　观　测　值

观测次序	观测值（m）	Δ（mm）	$\Delta\Delta$	计　　算
1	49.988	+4	16	
2	49.975	−9	81	
3	49.981	−3	9	$m = \pm\sqrt{\dfrac{[\Delta\Delta]}{n}} = \pm\sqrt{\dfrac{151}{6}} = \pm 5.02\text{mm}$
4	49.978	−6	36	
5	49.987	+3	9	
6	49.984	0	0	
Σ			151	

（2）相对误差。相对误差是专为距离测量定义的精度指标，因为单纯用距离丈量中误差还不能反映距离丈量的精度情况。例如，在［例1-1］中，用50m钢尺丈量一段约50m的距离，其测量中误差为±5.02mm。如果使用另一种量距工具丈量100m的距离，其测量中误差仍然等于±5.02mm，显然不能认为这两段不同长度的距离丈量精度相等，这就需要引入相对误差。相对误差的定义为

$$K = \frac{|m_D|}{D} = \frac{1}{\dfrac{D}{|m_D|}} \qquad (1-4)$$

相对误差是一个无单位的数，在计算距离的相对误差时，应注意将分子和分母的长度单位统一。通常，习惯于将相对误差的分子化为1，分母为一个较大的数来表示。分母越大，相对误差越小，距离测量的精度就越高。依据式（1-4），可以求得上述所述两段距离的相对误差分别为

$$K_1 \frac{0.005\ 02}{49.982} \approx \frac{1}{9957}$$

$$K_2 \frac{0.005\ 02}{100} \approx \frac{1}{19\ 920}$$

结果表明，后者的精度比前者的高。距离测量中，常用同一段距离往返测量结果的相对误差来检核距离测量的内部符合精度，计算公式为

$$\frac{|D_{往} - D_{返}|}{D_{平均}} = \frac{|\Delta D|}{D_{平均}} = \frac{1}{\dfrac{D_{平均}}{|\Delta D|}} \tag{1-5}$$

（3）极限误差。极限误差是通过概率论中某一事件发生的概率来定义的。设ξ为任一正实数，则事件$|\Delta| < \xi$发生的概率为

$$P(|\Delta| < \xi\sigma) = \int_{-\xi\sigma}^{+\xi\sigma} \frac{1}{\sqrt{2\pi}\sigma} e^{-\frac{\Delta^2}{2\sigma^2}} d\Delta \tag{1-6}$$

令$\Delta' = \dfrac{\Delta}{\sigma}$，则式（1-6）变成

$$P(|\Delta'| < \xi) = \int_{-\xi}^{+\xi} \frac{1}{\sqrt{2\pi}} e^{-\frac{\Delta^2}{2}} d\Delta' \tag{1-7}$$

因此，则事件$|\Delta| = \xi\sigma$发生的概率为$1 - P(|\Delta| < \xi)$。

下面的 fx-5800P 程序 P6-3 能自动计算$1 - P(|\Delta| < \xi)$的值。

程序名：P6-3

Fix 3 ↵　　　　　　　　　　　　　　　设置固定小数显示格式位数

Lbl 0:"LOWER="? A:UPPER="? B↵　　输入标准正态分布函数积分的上、下限
　　　　　　　　　　　　　　　　　　计算标准正态分布函数的数值积分

$1 - \int(1 \div (2\pi) \times e^{\hat{}}(-X^2 \div), A, B) \rightarrow Q$↵　　显示计算结果

"1-P(%)=":100Q ◢

Goto 0

运行程序 P6-3，输入 LOWER = -1，UPPER = 1，计算结果为 $1 - P(|\Delta'| < 1) = 31.73\%$；按 [EXE] 键继续，输入 LOWER = -2，UPPER = 2，计算结果为 $1 - P(|\Delta'| < 2) = 4.55\%$；按 [EXE] 键继续，输入 LOWER = -3，

UPPER＝3，计算结果为 $1-P（|\Delta'|<3）=0.27\%$。

上述计算结果表明，真误差的绝对值大于 1 倍 σ 的占 31.73%；真误差的绝对值大于 2 倍 σ 的占 4.55%，即 100 个真误差中，只有 4.55 个真误差的绝对值可能超过 2σ；而大于 3 倍 σ 的仅仅占 0.27%。也即 1000 个真误差中，只有 2.7 个真误差的绝对值可能超过 3σ。后两者都属于小概率事件，根据概率原理，小概率事件在小样本中是不会发生的。也即当观测次数有限时，绝对值大于 2σ 或 3σ 的真误差实际上是不可能出现的。因此，测量规范常以 2σ 或 3σ 作为真误差的允许值，该允许值称为极限误差，简称为限差。

$$|\Delta_{容}|=2\sigma\approx 2m \ 或 \ |\Delta_{容}|=3\sigma\approx 3m$$

当某观测值的误差大于上述限差时，则认为它含有系统误差，应剔除它。

5. 误差传播定律及应用

（1）误差传播定律。在实际测量工作中，某些我们需要的量并不是直接观测值，而是通过其他观测值间接求得的，这些量称为间接观测值。各变量的观测值中误差与其函数的中误差之间的关系式，称为误差传播定律。一般函数的误差传播定律为：一般函数中误差的平方，等于该函数对每个观测值取偏导数与其对应观测值中误差乘积的平方之和。利用它，就可以导出如表 1 - 2 所示的简单函数的误差传播定律。

表 1 - 2　　　　　　　　　　简单函数的误差传播定律

函数名称	函数式	中误差传播公式
倍数函数	$Z=KX$	$m_Z=\pm Km$
和差函数	$Z=X_1\pm X_2\pm\cdots\pm X_n$	$m_Z=\pm\sqrt{m_1^2+m_2^2+\cdots+m_n^2}$
线性函数	$Z=K_1X_1\pm K_2X_2\pm\cdots\pm K_nX_n$	$m_Z=\pm\sqrt{K_1^2m_1^2+K_1^2m_2^2+\cdots+K_1^2m_n^2}$

注：m_Z 表示函数中误差；m_1，m_2，$\cdots$，m_n 分别表示各观测值的中误差。

（2）算术平均值及其中的误差。

1）算术平均值。设在相同的观测条件下，对任一未知量进行了 n 次观测，得观测值 L_1，L_2，$\cdots$，L_n，则该量的最可靠值就是算术平均值 x，即

$$x=\frac{[L]}{n} \tag{1 - 8}$$

算术平均值就是最可靠值的原理。根据观测值真误差的计算式和偶然误差的特性，可以分析得出

$$X=\lim_{n\to\infty}\frac{[L]}{n} \ 即 \ \lim_{n\to\infty}x=X \tag{1 - 9}$$

式中　X——该量的真值。

从上式可见，当观测次数 n 趋于无限多时，算术平均值就是该量的真值。但实际工作中，观测次数总是有限的，这样算术平均值不等于真值。但它与所有观测值比较，都更接近于真值。因此，可认为算术平均值是该量的最可靠值，故又称为最或然值。

2）用观测值的改正数计算中误差。前面已经给出了用真误差求一次观测值中误差的公式，但测量的真误差只有在真值为已知时才能确定，而未知量的真值往往是不知道的，因此无法用其来衡量观测值的精度。因此，在实际工作中，是用算术平均值与观测值之差，即观测值的改正数或最或然误差来计算出中误差的。根据改正数和真误差的关系以及中误差的定义和偶然误差的特性，可以推导出利用观测值的改正数计算中误差的公式为

$$m = \pm \sqrt{\frac{[vv]}{n-1}} \qquad (1-10)$$

式中　m——观测值中误差；

　　　v——观测值的改正数；

　　　n——观测次数。

3）算术平均值的中误差。根据上述用改正数计算中误差的公式和误差传播定律，可以推算出算术平均值的中误差计算公式为

$$M = \frac{m}{\sqrt{n}} = \sqrt{\frac{[vv]}{n(n-1)}} \qquad (1-11)$$

式中　M——算术平均值中误差；

　　　m——观测值中误差；

　　　v——观测值的改正数；

　　　n——观测次数。

算术平均值及其中误差，是根据观测值误差以及中误差的基本概念和误差传播定律推算而来的，它在测量实际工作中应用十分广泛，在实际工作中对同一观测对象进行多次观测以提高观测值精度，这是人们已经习惯地应用这一概念的体现。

（3）误差传播定律应用。误差传播定律在测绘领域应用十分广泛，利用它不仅可以求得观测值函数的中误差，而且还可以确定容许误差值以及分析观测可能达到的精度。测量规范中误差指标的确定，一般也是根据误差来源分析和使用误差传播定律推导而来的。

6.等精度直接观测值的最可靠值

设对某未知量进行了一组等精度观测，其真值为 X，观测值分别为 l_1，l_2，…，l_n，相应的真误差为 Δ_1，Δ_2，…，Δ_n，则

$$
\begin{cases}
\Delta_1 = l_1 - X \\
\Delta_2 = l_2 - X \\
\quad\vdots \\
\Delta_n = l_n - X
\end{cases}
$$

将上式取和再除以观测次数 n，得

$$
\frac{[\Delta]}{n} = \frac{[l]}{n} - X = L - X
$$

式中，L 为算术平均值。

显然

$$
L = \frac{[l]}{n} = \frac{[\Delta]}{n} + X
$$

则有

$$
\lim_{n \to \infty} L = \lim_{n \to \infty} \left(\frac{[\Delta]}{n} + X \right)
$$

$$
\lim_{n \to \infty} \frac{[\Delta]}{n} + X
$$

根据偶然误差的第四个特性，有

$$
\lim_{n \to \infty} \frac{[\Delta]}{n} = 0
$$

则

$$
\lim_{n \to \infty} L = X
$$

从上式可以看出，当观测次数 n 趋于无穷大时，算术平均值就趋向于未知量的真值。当 n 为有限值时，通常取算术平均值为最可靠值，作为未知量的最后结果。

根据式计算中误差 m，需要知道观测值 l_i 的真误差 Δ_i，但是，真误差往往是不知道的。在实际应用中，多利用观测值的改正数 v_i 来计算中误差。由 v_i 及 Δ_i 的定义知

$$
\begin{cases}
v_1 = L - l_1 \\
v_2 = L - l_2 \\
\quad\vdots \\
v_n = L - l_n
\end{cases}
$$

$$\begin{cases} \Delta_1 = l_1 - X \\ \Delta_2 = l_2 - X \\ \quad\vdots \\ \Delta_n = l_n - X \end{cases}$$

上两组式对应相加

$$\begin{cases} \Delta_1 + v_1 = L - X \\ \Delta_2 + v_2 = L - X \\ \quad\vdots \\ \Delta_n + v_n = L - X \end{cases}$$

设 $L - X = \delta$，代入上式，并移项后得

$$\begin{cases} \Delta_1 = -v_1 + \delta \\ \Delta_2 = -v_2 + \delta \\ \quad\vdots \\ \Delta_n = -v_n + \delta \end{cases}$$

上组式中各式分别自乘，然后求和

$$[\Delta\Delta] = [vv] - 2[v]\delta + n\delta^2$$

显然

$$[v] = \sum_{i=1}^{n} (L - L_i) = nL - [l] = 0$$

故有

$$[\Delta\Delta] = [vv] + n\delta^2$$

即

$$\frac{[\Delta\Delta]}{n} = \frac{[vv]}{n} + \delta^2 \tag{1-12}$$

但是

$$\delta = L - X = \frac{l}{n} - X = \frac{[l - X]}{n} = \frac{[\Delta]}{n}$$

故

$$\delta^2 = \frac{[\Delta]^2}{n^2} = \frac{[l]}{n^2}(\Delta_1^2 + \Delta_2^2 + \cdots \Delta_n^2 + 2\Delta_1\Delta_2 + 2\Delta_1\Delta_3 + \cdots)$$

$$= \frac{[\Delta\Delta]}{n^2} + \frac{2}{n^2}(\Delta_1\Delta_2 + \Delta_1\Delta_3 + \cdots)$$

由于 Δ_1，Δ_2，$\cdots$，Δ_n 是彼此独立的偶然误差，故 $\Delta_1\Delta_2$，$\Delta_1\Delta_3$，$\cdots$，也具有偶然

误差的性质。当 $n \to \infty$ 时，上式等号右边第二项应趋近于零；当 n 为较大的有限值时，其值远比第一项小，故可忽略不计。于是，式（1-8）变为

$$\frac{[\Delta\Delta]}{n} = \frac{[vv]}{n} + \frac{[\Delta\Delta]}{n^2}$$

根据中误差的定义，上式可写为

$$m^2 = \frac{[vv]}{n} + \frac{m^2}{n}$$

即

$$m = \pm\sqrt{\frac{[vv]}{(n-1)}} \qquad\qquad (1-13)$$

式（1-9）即为利用观测值的改正数 v_i 计算中误差的公式，称为白塞尔公式。

【例 1-2】 设用经纬仪测量某个角度 6 测回，观测值列于表 1-3 中，试求观测值中的误差及算术平均值的中误差。

表 1-3　　　　　　　　　　　观　测　值　表

观测次序	观测值	v	vv	计　算
1	$36°50'30''$	$-4''$	16	
2	26	0	0	$m = \pm\sqrt{\dfrac{[vv]}{n-1}}$
3	28	-2	4	
4	24	$+2$	4	$= \pm\sqrt{\dfrac{34}{6-1}}$
5	25	$+1$	1	$= \pm 2.6''$
6	23	$+3$	9	
	$L=36°50'26''$	$[v]=0$	$[vv]=34$	

算术平均值 L 的中误差根据式（1-10），有

$$M = \frac{m}{\sqrt{n}} = \pm\sqrt{\frac{[vv]}{n(n-1)}} = \pm\sqrt{\frac{34}{6(6-1)}} = \pm 1.1''$$

注意，在以上计算中 $m = \pm 2.6''$ 为观测值的中误差，$M = \pm 1.1''$ 为算术平均值的中误差。最后，结果及其精度可写为

$$L = 36°50'26'' \pm 1.1''$$

一般袖珍计算器都具有统计计算功能（STAT），能很方便地进行上述计算（计算方法可参考计算器的说明书）。

由于算术平均值的中误差 M 为观测值中误差 m 的 $\dfrac{1}{\sqrt{n}}$ 倍，因此增加观测次数

可以提高算术平均值的精度。例如，设观测值的中误差 $m=1$ 时，算术平均值的中误差 M 与观测次数 n 的关系如图 1-9 所示。由该图可以看出，当 n 增加时，M 减小。但当观测次数达到一定数值后（如 $n=10$），再增加观测次数，工作量增加，但提高精度的效果就不太明显了。故不能单纯以增加观测次数来提高测量成果的精度，还应设法提高观测值本身的精度。例如，采用精度较高的仪器；提高观测技能；在良好的外界条件下进行观测等。

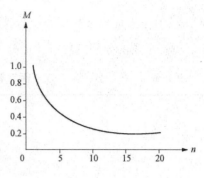

图 1-9　$m=1$ 时，M 与 n 的关系图

五、常用测量单位与换算

1. 角度单位及换算

测量常用的角度的法定计量单位的换算关系，见表 1-4。

表 1-4　　　　　　　　　　角度单位制及换算关系

六十进制	弧 度 制
1 圆周＝360° 1°＝60′ 1′＝60″	1 圆周＝2π 弧度 1 弧度＝180 弧度°/π＝57.295 779 51°＝ρ° 　　　　＝3438′＝e' 　　　　＝206 265″＝ρ''

2. 长度单位及换算

测量常用的长度的法定计量单位的换算关系，见表 1-5。

表 1-5　　　　　　　　　　长度单位制及换算关系

公 制	英 制
1km＝1000m 1m＝10dm 　　＝100cm 　　＝1000mm	1 英里（mile，简写 mi） 1 英尺（foot，简写 ft） 1 英寸（inch，简写 in） 1km＝0.6214mi＝3280.8ft 1m＝3.2808ft＝39.37in

3. 面积单位及换算

测量常用的面积的法定计量单位的换算关系，见表 1 - 6。

表 1 - 6　　　　　　　　　面积单位制及换算关系

公　　制	市　　制	英　　制
$1km^2 = 1 \times 10^6 m^2$ $1m^2 = 100dm^2$ $= 1 \times 10^4 cm^2$ $= 1 \times 10^6 mm^2$	$1km^2 = 1500$ 亩 $1m^2 = 0.0015$ 亩 1 亩 $= 666.666\ 666\ 7m^2$ $= 0.066\ 666\ 67$ 公顷 $= 0.164\ 7$ 英亩	$1km^2 = 247.11$ 英亩 $= 100$ 公顷 $10000m^2 = 1$ 公顷 $1m^2 = 10.764ft^2$ $1cm^2 = 0.155\ 0in^2$

六、测量仪器使用与保管

1. 测量仪器的领用与检查

测量仪器应按规定的手续向有关部门借领使用。借领时应对仪器及其附件进行全面检查，发现问题应立即提出。检查的主要内容如下。

（1）仪器有无碰撞伤痕、损坏，附件是否齐全、适用。

（2）各轴系转动是否灵活，有无杂音。各操作螺旋是否有效，校正螺钉有无松动或丢失。水准器气泡是否稳定、有无裂纹。自动安平仪器的灵敏件是否有效。

（3）物镜、目镜有无擦痕，物像和十字线是否清晰。

（4）经纬仪读数系统的光路是否清晰。度盘和分微尺刻画是否清楚、有无行差。

（5）光电仪器要检查电源、电线是否配套、齐全。

2. 测量仪器的正确使用要点

（1）仪器的出入箱及安置。仪器开箱时应平放，开箱后应记清主要部件（如望远镜、竖盘、制微动螺旋、基座等）和附件在箱内的位置，以便用完后按原样入箱。仪器自箱中取出前，应松开各制动螺旋，一手持基座、一手扶支架将仪器轻轻取出。仪器取出后应及时关闭箱盖，并不得坐人。

测站应尽量选在安全的地方。必须在光滑地面安置仪器时，应将三脚尖嵌入地面缝隙内或用绳将三脚架捆牢。安置脚架时，要选好三足方向，架高适当，架首概略水平，仪器放在架首上应立即旋紧连接螺旋。

观测结束后仪器入箱前，应先将定平螺旋和制微动螺旋退回至正常位置，并用软毛刷除去仪器表面灰尘，再按出箱时原样就位入箱。箱盖关闭前应将各制动螺旋轻轻旋紧，检查附件齐全后可轻关箱盖，箱口吻合方可上锁。

（2）仪器的一般操作。仪器安置后必须有人看护，不得离开，并要注意防止上方有物坠落。一切操作均应手轻、心细、稳重。定平螺旋应尽量保持等高。制动螺旋应松紧适当，不可过紧。微动螺旋在微动卡中间一段移动，以保持微动效用。操作中应避免用手触及物镜、目镜。烈日下或下零星小雨时应打伞遮挡。

（3）仪器的迁站、运输和存放。迁站前，应将望远镜直立（物镜朝下）、各部制动螺旋微微旋紧、光电仪器要断电并检查连接螺旋是否旋紧。迁站时，脚架合拢后，置仪器于胸前，一手携脚架于肋下，一手紧握基座，持仪器前进时，要稳步行走。仪器运输时不可倒放，更要注意防振、防潮，严禁在自行车货架上带仪器。

仪器应存放在通风、干燥、常温的室内。仪器柜不得靠近火炉或暖气。

3. 测量仪器的检验与校正要点

水准仪和经纬仪应根据使用情况，每隔 2～3 个月对主要轴线关系，进行检验和校正。仪器检验和校正应选在无风、无振动干扰环境中进行。各项检验、校正，须按规定的程序进行。每项校正，一般均需反复几次才能完成。拨动校正螺钉前，应先辨清其松紧方向。拨动时，用力要轻、稳，螺旋应松紧适度。每项校正完毕，校正螺旋应处于旋紧状态。

各类仪器如发生故障，切不可乱拆乱卸，应送专业修理部门修理。

4. 光电仪器的使用要点

使用电磁波测距仪或激光准直仪时，一定要注意电源的类型（交流或直流）和电压与光电设备的额定电源是否一致。有极性要求的插头和插座一定要正确接线，不得颠倒。使用干电池的电器设备，正负极不能装反，新旧电池不要混合使用，设备长期不用，要把电池取出。

使用仪器前，先要熟悉仪器的性能及操作方法，并对仪器各主要部件进行必要的检验和校正。使用激光仪器时，要有 30～60min 的预热时间。激光对人眼有害，故不可直视光源。

使用电磁波距测仪时，先要检查棱镜与仪器主机是否配套，并严禁将镜头对准太阳或其他强光源；观测时，视场内只能有一个反光棱镜，避免测线两侧及反光棱镜后方有其他光源和反射体，更要尽量避免逆光观测。在阳光下或小雨天气作业时均要打伞遮挡，以防阳光射入接收物镜而烧坏光敏二极管，或防止雨水淋湿仪器造成短路。迁站或运输时，要切断电源并防止振动。

5. 钢尺、水准尺与标杆的使用

（1）钢尺。钢尺性脆易折，使用时要严禁人踩、车碾，遇有扭结打环，应解开后再拉尺，收尺时不得逆转。钢尺受潮易锈，遇水后要用布擦净；较长时间存放时，要涂机油或凡士林油。在施工现场使用时，要特别注意防止触电伤尺、伤人。钢尺尺面刻画和注记易受磨损和锈蚀，量距时要尽量避免拖地而行。

（2）水准尺与标杆。水准尺与标杆在施测时均应由测工认真扶好，使其竖直，切不可将尺自立或靠立。塔尺抽出时，要检查接口是否准确。水准尺与标杆一般均为木制或铝制，使用及存放时均应注意防水、防潮和防变形，尺面刻画与漆皮应精心保护，以保持其鲜明、清晰。铝制尺、杆要严禁触及电力线。

第二章

距离测量

一、钢尺量距

1. 测量工具

（1）钢尺。钢尺是用钢制成的带状尺，尺的宽度为 10～15mm，厚度为 0.4mm，长度有 20、30、50m 等几种。钢尺有卷放在圆盘形的尺壳内的，也有卷放在金属或塑料尺架上的，如图 2-1 所示。钢尺的基本分划为厘米（cm），在每厘米、每分米及每米处，印有数字注记。

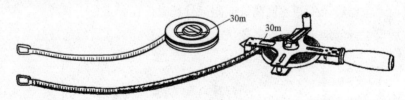

图 2-1 钢尺

根据零点位置的不同，钢尺有端点尺和刻线尺两种。端点尺是以尺的最外端作为尺的零点，如图 2-2（a）所示；刻线尺是以尺前端的一条分划线作为尺的零点，如图 2-2（b）所示。

（2）其他辅助工具。有测钎、标杆、垂球，精密量距时还需要有弹簧秤、温度计和尺夹。测钎用于标定尺段［图 2-3（a）］，标杆用于直线定线［图 2-3（b）］，垂球用于在不平坦地面丈量时，将钢尺的端点垂直投影到

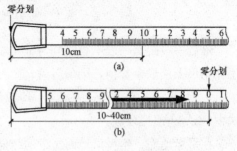

图 2-2 钢尺的分刻
(a) 端点尺；(b) 刻线尺

地面，弹簧秤用于对钢尺施加规定的拉力［图2-3（c）］，温度计用于测定钢尺量距时的温度［图2-3（d）］，以便对钢尺丈量的距离施加温度改正。尺夹用于安装在钢尺末端，以方便持尺员稳定钢尺。

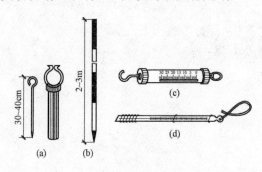

图2-3　钢尺量距的辅助工具

（a）测钎；（b）标杆；（c）弹簧秤；（d）温度计

2. 测量方法

（1）平坦地面的距离丈量。丈量工作一般由两人进行。如图2-4所示，清除待量直线上的障碍物后，在直线两端点A、B竖立标杆，后尺手持钢尺的零端位于A点，前尺手持钢尺的末端和一组测钎沿AB方向前进，行至一个尺段处停下。后尺手用手势指挥前尺手将钢尺拉在AB直线上，后尺手将钢尺的零点对准A点。当两人同时将钢尺拉紧后，前尺手在钢尺末端的整尺段长分划处竖直插下一根测钎（在水泥地面上丈量插不下测钎时，可用油性笔在地面上画线做记号）得到1点，即量完一个尺段。前、后尺手抬尺前进，当后尺手到达插测钎或画记号处时停住。重复上述操作，量完第二尺段。后尺手拔起地上的测钎，依次前进，直到量完AB直线的最后一段为止。

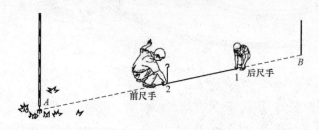

图2-4　平坦地面的距离丈量

最后一段距离一般不会刚好为整尺段的长度，称为余长。丈量余长时，前尺手在钢尺上读取余长值，则最后A、B两点间的水平距离为

$$D_{AB} = n \times 尺段长 + 余长 \tag{2-1}$$

式中　n——整尺段数。

在平坦地面，钢尺沿地面丈量的结果就是水平距离。为了防止丈量中发生错误和提高量距的精度，需要往返丈量。上述为往测，返测时要重新定线。往返丈量距离较差的相对误差K为

$$K = \frac{\mid D_{AD} - D_{BA} \mid}{\overline{D}_{AB}} \qquad\qquad (2-2)$$

式中　$\overline{D}_{AB}$——往返丈量距离的平均值。

在计算距离较短的相对误差时，一般将分子化为1的分式，相对误差的分母越大，说明量距的精度越高。对于钢尺量距导线，钢尺量距往返丈量较差的相对误差一般不应大于1/3000，当量距的相对误差没有超过规定时，取距离往、返丈量的平均值 $\overline{D}_{AB}$ 作为两点间的水平距离。

（2）倾斜地面的距离丈量。

1）平尺丈量法。在斜坡地段丈量时，可将尺的一端抬起，使尺身水平。若两尺端高差不大，可用线坠向地面投点，如图2-5（a）所示。若地面高差较大，则可利用垂球架向地面投点，如图2-5（b）所示。若量整尺段不便操作，可用零尺段丈量。一般来说，从上坡向下坡丈量比较方便，因为这时可将尺的 0 端固定在地面桩上，尺身不致窜动。平尺丈量时应注意：①定线要直；②垂线要稳；③尺身要平；④读数要与垂线对齐；⑤尺身悬空大于 6m 时，要设水平托桩。

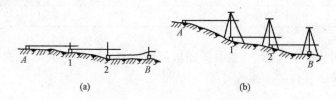

图 2-5　斜坡地段平尺丈量法

（a）用线坠向地面投点；（b）利用垂球架向地面投点

2）斜距丈量法。如图 2-6 所示，先沿斜坡量尺，并测出尺端高差，然后计算水平距离。计算有以下两种方法。

①三角形计算法。在直角三角形中，按勾股弦定理，水平丈量记录可参照表 2-1 填写。表中用的是一把 50m 钢尺，已知该尺名义长度比标准尺大 8mm，丈量温度为 25℃，测得 AB 两点间高差为 6.50m，BC 两点间高差为 1.60m，各项改正是按前式计算的。

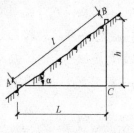

图 2-6　斜距丈量法

表2-1　　　　　　　　　　　　　　水平丈量记录表

距离测量后簿

工程名称　　　　　　　　　　　　日期　年　月　日　　记录

钢尺号 3# （50m）　　　　　　　　钢尺实长 50.008m

钢尺检定拉力 100N（10kg）　　　　钢尺检定温度 20℃

尺段编号	实测次数	前尺读数（m）	后尺读数（m）	尺段长度（m）	丈量温度（℃）	高差（m）	温差改正（mm）	尺长改正（mm）	高差改正（mm）	实际距离（m）
A—B	1	45.400	0.029	45.371	25	6.500	+3	+7	−468	
	2	45.400	0.025	45.375						
	3	45.400	0.030	45.370						
	平均			45.372						44.914
B—C	1	48.000	0.043	47.957	25	1.600	+3	+8	−27	
	2	48.000	0.048	47.952						
	3	48.000	0.041	47.959						
	平均			47.956						47.940
…	…	…	…	…						
总和										92.854

②三角函数法。在图 2-6 中若知道斜坡面与水平线之间的倾斜角，则可利用三角函数关系计算水平距离。

$$L = l\cos\alpha \tag{2-3}$$

3. 钢尺量距的改正数

（1）钢尺尺长改正数的理论公式。用钢尺测量空间两点间的距离时，因钢尺本身有尺长误差（或刻画误差），在两点之间测量的长度不等于实际长度，此外因钢卷尺在两点之间无支托，使尺下挠引起垂曲误差，为使下挠垂曲小一些，需对钢尺施加一定的拉力，此拉力又势必使钢尺产生弹性变形，在尺端两桩高差为零的情况下，可列出钢尺尺长改正数理论公式的一般形式为

$$\Delta L_i = \Delta C_i + \Delta P_i - \Delta S_i \tag{2-4}$$

式中　ΔL_i——零尺段尺长改正数；

　　　ΔC_i——零尺段尺长误差（或刻画误差）；

　　　ΔS_i——钢尺尺长垂曲改正数；

　　　ΔP_i——钢尺尺长拉力改正数。

钢尺上的刻画和注字，表示钢尺名义长度，由于钢尺制造设备，工艺流程和

控制技术的影响，会有尺长误差，为了保证量距的精度，应对钢尺作检定，求出尺长误差的改正数。

检定钢尺长度（水平状态）系在野外钢尺基线场标准长度上，每隔 5m 设一托桩，以比长方法，施以一定的检定压力，检定 0～30m 或 0～50m 刻画间的长度，由此可按通用公式计算出尺长误差的改正数：

$$\Delta L_{平检} = L_{基} - L_{量} \tag{2-5}$$

式中　$\Delta L_{平检}$——钢尺水平状态检定拉力 P_0、20℃时的尺长误差改正数；

$L_{基}$——比尺长基线长度；

$L_{量}$——钢尺量得的名义长度。

当钢尺尺长误差分布均匀或系统误差时，钢尺尺长误差与长度成比例关系，则零尺段尺长误差的改正公式为

$$\Delta C_i = \frac{L_i}{L} \cdot \Delta L_{平检} \tag{2-6}$$

式中　ΔC_i——零尺段尺长误差改正数；

L_i——零尺段长度；

L——整尺段长度。

所求得的尺长改正数也可送有资质的单位去作检定。

（2）温度改正。钢尺的长度是随温度而变化的。钢的线胀系数 α 一般为 0.000 011 6～0.000 012 5，为了简化计算工作，取 $\alpha=0.000\ 012$。若量距时的温度 t 不等于钢尺检定时的标准温度 t_0（t_0 一般为 20℃），则每一整尺段 L 的温度改正数 ΔL_t 按下式计算

$$\Delta L_t = \alpha(t - t_0)L \tag{2-7}$$

（3）垂曲改正。如果钢尺在检定时，尺间按一定距离设有水平托桩，或沿水平地面丈量，而在实际作业时不能按此条件量距，须悬空丈量，钢尺必然下垂，此时对所量距离必须进行垂曲改正。

垂曲改正数按下式计算

$$\Delta l = -\frac{W^2 \times L^3}{24 \times P^2} \tag{2-8}$$

式中　W——钢尺每米重力（N/m）；

L——尺段两端间的距离（m）；

P——拉力（N）。

例如，$L=28m$，$W=0.19N/m$，$P=100N$ 代入式（2-8），则

$$\Delta l = -\frac{0.19^2 \times 28^3}{24 \times 100^2} = -3.3\text{mm}$$

（4）拉力改正。钢尺长度在拉力作用下有微小的伸长，用它测量距离时，读得的"假读数"，必然小于真实读数，所以应在"假读数"上加拉力改正数，此改正数可用材料力学中虎克定律算出，而在弹性限度内，钢尺的弹性伸长与拉力的关系式为

$$\Delta P_i = \frac{PL_i}{E \cdot F} \tag{2-9}$$

因钢尺尺长误差的改正数，已含有 P_0 拉力的弹性伸长，则上式改为

$$\Delta P_i = \frac{L_i}{E \cdot F}(P - P_0) \tag{2-10}$$

令

$$G = \frac{1}{E \cdot F} \tag{2-11}$$

$$\Delta P_i = G \cdot L_i \cdot (P - P_0) \tag{2-12}$$

式中　　P——测量时的拉力；

$\quad\quad P_0$——检定时的拉力；

$\quad\quad L_i$——零尺段长度；

$\quad\quad E$——钢尺弹性模量；

$\quad\quad F$——钢尺断面面积；

$\quad\quad G$——钢尺延伸系数。

通常，在实际测量距离时所使用的拉力，总是等于钢尺检定时所使用的拉力，因而不需进行拉力改正。

4. 钢尺的检定

（1）自检。以经过检定的钢尺作为标准尺，把被检尺与标准尺进行比较。方法是：选择平坦场地，两把尺的长度应相等（都是 30m 或 50m），两尺平行摆放，先将两尺的 0 刻画线对齐，然后施以同样大小的拉力，则被检尺与标准尺整尺段的差值，就是被检尺的误差。如图 2-7 中 30m 处的刻画差。这种检验方法要经过三次以上的重复比较，最后取平均差值作为检定成果。经检定过的钢尺要在尺架上编号，注明误差值，以备精密丈量使用。

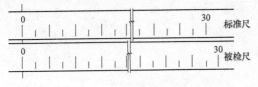

图 2-7　比较法检定钢尺

（2）送检。将尺送专业部门检

定，由专业部门提供检验成果。

二、直线定线

1. 两点间定线

（1）经纬仪定线。如图 2-8 所示，两点间用经纬仪定线做法如下。

1）将经纬仪安置在 A 点，在任意度盘位置照准 B 点。

2）低转望远镜，一人手持木桩，按观测员指挥，在视线方向上根据尺段所需距离定出 1 点，然后再低转望远镜依次定出 2 点。则 A、2、1、B 点在一条直线上。

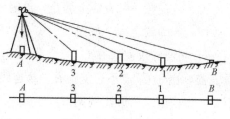

图 2-8 经纬仪定线

（2）目测法定线。如图 2-9 所示，两点间目测法定线如下。

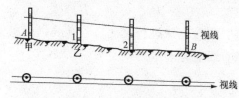

图 2-9 目测法定线

1）先在 A、B 点分别竖直立好花杆，观测员甲站在 A 点花杆后面，用单眼通过 A 点花杆一侧瞄准 B 点花杆同一侧，形成连线。

2）观测员乙拿一花杆在待定点 1 处，根据甲的指挥左、右移动花杆。当甲观测到三根花杆成一条直线时，喊"好"，乙即可在花杆处标出 1 点，A、1、B 在一条直线上。

3）同法可定出 2 点。根据同样道理，也可做直线延长线的定线工作。

2. 过山头定线

若两点间有山头，不能直接通视，可采用趋近法定线。

（1）目测法。如图 2-10（a）所示，过山头定线目测做法如下。

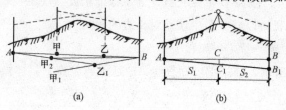

(a)   (b)

图 2-10 过山头定线

（a）过山头定线目测做法；（b）用经纬仪过山头定线做法

27

1）甲选择既能看到 A 点又能看到 B 点、靠近 AB 连线的一点甲$_1$立花杆，乙拿花杆根据甲的指挥，在甲$_1B$ 连线上定出乙$_1$ 点，乙$_1$ 点应靠近 B 点，但应看到 A 点。

2）甲按乙的指挥，在乙$_1A$ 连线上定出甲$_2$ 点，甲$_2$ 应靠近 A 点，且能看到 B 点。

这样互相指挥，逐步向 AB 连线靠近，直到 A、甲、乙在一条直线上，同时甲、乙、B 也在一条直线上为止，这时 A、甲、乙、$B4$ 点便在一条直线上。

（2）经纬仪定线。如图 2-10（b）所示，用经纬仪过山头定线做法如下。

1）将经纬仪安置在 C_1 点，任意度盘位置，正镜后视 A 点，然后转倒镜观看 B 点，由于 C_1 点不可能恰在 AB 连线上，因此，视线偏离到 B_1 点。量出 BB_1 距离，按相似三角形比例关系：

$$S_1 : CC_1 = (S_1 + S_2) : BB_1$$

$$CC_1 = \frac{S_1 \times BB_1}{S_1 + S_2} \tag{2-13}$$

S_1、S_2 的长度可以目测。

2）将仪器向 AB 连线移动 CC_1 距离，再按上法进行观测。若视线仍偏离 B 点，再进行调整，直到 A、C、B 在一条直线上为止。

3. 正倒镜法定线

如图 2-11 所示，要求把已知直线 AB 延长到 C 点。具体做法如下：

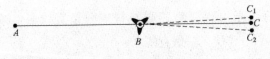

图 2-11　正倒镜法定线

将仪器安于 B 点，对中调平后，先以正镜后视 A 点，拧紧水平制动，防止望远镜水平转动，然后纵转望远镜成倒镜，在视线方向线上定出 C_1 点。放松水平制动，再平转望远镜用倒镜后视 A 点，拧紧水平制动，又纵转镜成正镜，定出 C_2 点。若 C_1、C_2 两点不重合，则取 C_1、C_2 点的中间位置 C 作为已知直线 AB 的延长线。为了保证精度，规定直线延长的长度一般不应大于后视边长，以减少对中误差对长边的影响。

4. 延伸法定线

如图 2-12 所示，要求把已知直线 AB 延长到 C 点。具体做法如下：

将仪器安于 A 点，对中调平后，以正镜照准 B 点，拧紧水平制动；然后，抬高望远镜，在前

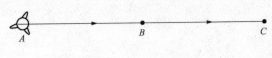

图 2-12　延伸法定线

视方向线上定出 C 点，此 C 点就是 AB 直线的延长线。

5. 绕障碍物定线

图 2 - 13 中，欲将直线 AB 延长到 C 点，但有障碍物不能通视，可利用经纬仪和钢尺相配合，用测等边三角形或测矩形的方法，绕过障碍物，定出 C 点。

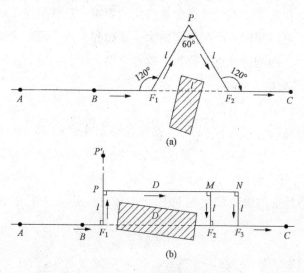

图 2 - 13　绕障碍物定线

(a) 等边三角形法；(b) 矩形法

(1) 等边三角形法。等边三角形的特点是三条边等长，三个内角都等于 $60°$。在图 2 - 13 (a) 中先作直线 AB 的延长线，定出 F_1 点，移仪器于 F_1 点，后视 A 点，顺时针测 $120°$，定出 P 点。移仪器于 P 点，后视 F_1 点，顺时针测 $300°$，按 $PF_2 = PF_1$ 定出 F_2 点。移仪器于 F_2 点，后视 P 点，顺时针测 $120°$ 定出 C 点。并且得知 $PF_1 = PF_2 = F_1F_2 = 1$。

(2) 矩形法。矩形的特点是对应边相等，内角都等于 $90°$。在图 2 - 13 (b) 中先作直线 AB 的延长线，定出 F_1 点，然后用测直角的方法，按箭头指的顺序，依次定出 P、M、N、F_2、F_3，最后定出 C 点。为减少后视距离短对测角误差的影响，可将图中转点 P 的引测距离适当加长。

三、视距测量法

视距测量法是一种间接测距方法，它是利用测量仪器望远镜内十字丝分划板上的视距丝及刻有厘米分划的视距标尺，根据光学原理，同时测定两点间的水平距离和高差的一种快速测距方法。

用有视距装置的测量仪器，按光学和三角学原理测定水平距离和高差的方法，称为"视距测量"。水准仪、经纬仪和平板仪的望远镜中，都设有视距丝，即"视距装置"。

视距测量操作简便，不受地形起伏变化的影响，只要测站上的仪器能看到测点上的立尺，便可迅速测算出两点间的水平距离和高差。但精度不高，多用于地形测量中测地形、地物特征点（称为"碎部点"）。

1. 测量仪器及操作

（1）激光经纬仪。

1）激光经纬仪的构造。图 2-14 是某仪器厂生产的 J2-JD 型激光经纬仪，它以 J2 型光学经纬仪为基础，在望远镜上加装一只 He-Ne 气体激光器而成。由激光器发出的光束，经过一系列棱镜、透镜、光阑进入经纬仪的望远镜中（图 2-15），再从望远镜的物镜端射向目标，并在目标处呈一明亮清晰的光斑（图 2-16）。

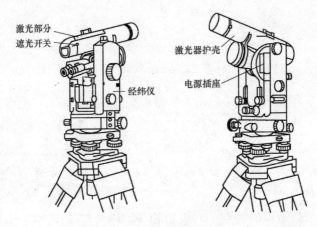

图 2-14　激光经纬仪

2）激光经纬仪的操作。J2-JD 激光经纬仪的经纬仪部分操作方法与 J2 型光学经纬仪相同。下面介绍激光器中的特殊操作方法。

①把激光器的引出线接上电源。注意在使用直流电源时不能接错正、负极。

②开启电源开关，指示灯发亮，并可听到轻微的嗡嗡声。旋动电流调节旋钮，使激光电源工作在最佳电流值下（一般为 3～7mA），便有最强的激光输出。激光束即通过棱镜、透镜系统进入望远镜，由望远镜物镜端发射出去。

③观测完毕后，先将电源开关关断。指示灯熄灭，激光器停止工作，然后拉

开电源。

④激光器工作时，遮光开关及波带片两个部件，可根据需要分别用它们的旋钮控制使用。

3）激光经纬仪的特点和应用。激光经纬仪除具有普通经纬仪的技术性能，可作常规测量外，又能发射激光，供作精度较高的角度坐标测量和定向准直测量。它与一般工程经纬仪相比，有如下特点。

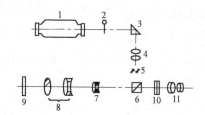

图 2-15　光束射程

1—He-Ne 气体激光器；2—遮光开关；3—反射棱镜；

4—聚光镜组；5—针孔光阑；6—分光棱镜组；

7—望远镜调焦镜组；8—望远镜物组；9—波带片；

10—望远镜分划板；11—望远镜目镜组

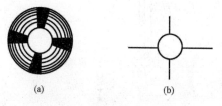

图 2-16　激光目标光斑

①望远镜在垂直（或水平）平面上旋转，发射的激光可扫描形成垂直（或水平）的激光平面，在这两个平面上被观测的目标，任何人都可以清晰地看到。

②一般经纬仪的场地狭小，安置仪器逼近测量目标时，如仰角大于 $50°$，就无法观测。激光经纬仪主要依靠发射激光束来扫描定点，可不受场地狭小的影响。

③激光经纬仪可向天顶发射一条垂直的激光束，用它代替传统的锤球吊线法测定垂直度，不受风力的影响，施测方便、准确、可靠。

4）能在夜间或黑暗场地进行测量工作。由于激光经纬仪具有上述特点，特别适合做以下的施工测量工作。

①高层建筑及烟囱、塔架等高耸构筑物施工中的垂度观测和准直定位。如某电厂 180m 钢筋混凝土烟囱滑模施工中，用一台 KASSEL 型经纬仪，加装一个 He-Ne 激光管，制成激光对中仪（图 2-17），仪器置于地下室烟囱中心点上，将激光的阴极对准中心点，调整经纬仪水准管，使气泡居中，严格整平后，进行望远镜调焦，使光斑直径最小，这时仪器射出的激光束，反应在平台接受靶上，即可测出烟囱的中心。由于使用激光对中仪对中，比用传统的垂球对中节约时间，提高了精度，并可随时检查筒身中心线，便于及时纠偏。使用结果：180m 高的烟囱，滑升到顶时，中心偏差只有 1.2cm，为国家规范允许偏差 18cm 的 1/15。

②结构构件及机具安装的精密测平和垂直度控制测量。如图 2-18 所示，用

两台激光经纬仪置于柱基互相垂直的两条轴线上，在场地狭小的情况下，可以比一般经纬仪更靠近柱子。安置、对中、整平等手续同一般经纬仪。转动望远镜，打开遮光开关，发射激光束，使光斑沿柱的平面轴线扫描到柱脚校正柱脚位置后缓缓仰视柱顶，如柱的轴线与光斑偏离（人人都可看到），可立即进行校正。两台激光经纬仪发射的光斑都正对柱的轴线时，即为柱的正确位置。

③管道铺设及隧道、井巷等地下工程施工中的轴线测设及导向测量工作。

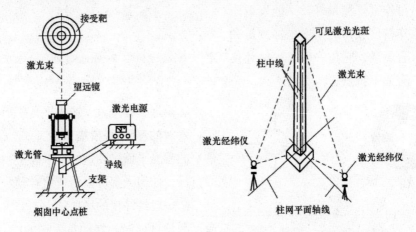

图2-17　激光对中仪　　　　　图2-18　用激光经纬仪定柱法

（2）光电测距仪。

1）光电测距仪的构造，如图2-19所示。

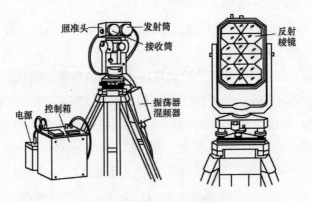

图2-19　光电测距仪构造

光电测距仪是在经纬仪上加装光电测距头子，一般是配套的，什么型号测距头子配什么样型号的经纬仪，另外配一套反光棱镜。

2）光电测距仪的用途。为了测量 A、B 两点之间的距离，在 A 点安置光电测距仪主机，在 B 点安置反光棱镜，如图 2-20 所示。

对中、整平后，开启光电测距仪。发射望远镜发出一水平激光束射向 B 点反光棱镜，经过反射的激光束仍以水平方向折回 A 点，接收望远镜能够把折回的激光束调制、放大并精确地测出 A、B 两点的距

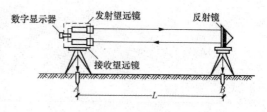

图 2-20　光电测距仪使用示意

离，可直接由数字计数器上显示出来。它的测距精度视仪器不同而各异，一般的光电测距仪精度可达 ±5mm$+10$ppm。

3）光电测距仪的检验与校正。

①委托检定。送有关部门检验与校正。

②自检。自检必须具有一定的检定设备，对光电测距相当熟悉，目前国内使用的光电测距仪品种相当多，建议送有关部门检定。

2. 视距测量的方法

（1）在测站上安置经纬仪，对中、整平。

（2）用皮尺量得经纬仪望远镜水平轴中心到测站点地面的铅垂距离，称为"仪器高 i"（注意视距测量的"仪器高"与水准测量的"仪器高"称呼相同，但意义不同，不能混为一谈）。在视距尺或水准尺上，用橡皮筋或红色线系在尺读数为 i 的地方，便于照准。将尺竖直立于测点上。

（3）用经纬仪望远镜照准测点上的立尺，旋紧望远镜固定扳手，用望远镜微动螺旋，使十字丝横丝正对尺上橡皮筋或红线附近，同时使视距丝上丝正对尺读数处为一整分划处，读上、下丝截得的尺读数，两者之差称为"尺间隔数"（l）。记入视距测量手簿。

（4）再用镜管微动螺旋，使十字丝横丝正对尺上橡皮筋或红线的地方（即尺读数为 i），读垂直角（α），亦记入手簿。

（5）用下列公式即可计算测站与测点间的水平距离（d）和高差（h）。

$$d = kl\cos^2\alpha$$

$$h = \frac{1}{2}kl\sin2\alpha \qquad\qquad (2-14)$$

式中　k——视距常数。一般经纬仪，$k=100$。

3. 视距测量公式的推证

如图 2-21 所示，PQ 垂直于望远镜视线，设在 PQ 线上读得尺间隔数为 l'。

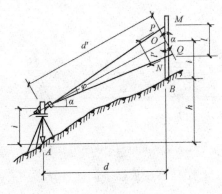

图 2-21 视距测量公式的推证

光学经纬仪的视距常数 k，在制造时即满足下列关系：

$$k = \frac{两点间距离\, d'}{尺间隔数\, l'} = 100$$

$$(2-15)$$

所以

$$d' = kl'$$

图 2-21 中，$\triangle OMP$ 及 $\triangle ONQ$，因 α 角较小，故 $\angle OPM = \angle OQN$，且近似等于一直角。

又 $l' = OP + OQ = OM\cos\alpha + ON\cos\alpha = (OM + ON)\cos\alpha = l\cos\alpha$

代入式（2-15）

$$d' = kl' = kl\cos\alpha$$

由图 2-21

$$d = d'\cos\alpha = kl\cos^2\alpha$$

此即式（2-14）

又

$$d' = kl\cos\alpha$$

$$h = d'\sin\alpha = kl\cos\alpha\sin\alpha$$

$$= \frac{1}{2}kl\,2\sin\alpha\cos\alpha = \frac{1}{2}kl\sin2\alpha$$

如果 A、B 两点位于同一水平面上时，则 $\alpha = 0°$，即两点无高差。

四、直线定向

确定地面上两点之间的相对位置，仅知道两点之间的水平距离是不够的，还必须确定此直线与标准方向之间的水平夹角。确定直线与标准方向之间的水平角度，称为直线定向。

1. 标准方向的种类

（1）真子午线方向。通过地球表面某点的真子午线的切线方向，称为该点的真子午线方向，真子午线方向是用天文测量方法或用陀螺经纬仪测定的。

（2）磁子午线方向。磁子午线方向是磁针在地球磁场的作用下，磁针自由静止时，其轴线所指的方向。磁子午线方向可用罗盘仪测定。

（3）坐标纵轴方向。第一章已述及，我国采用高斯平面直角坐标系，每一 6°带或 3°带内都以该带的中央子午线作为坐标纵轴，因此，在该带内直线定向时，就用该带的坐标纵轴方向作为标准方向。如采用假定坐标系，则用假定的坐标纵轴（X 轴）作为标准方向。

2. 表示直线方向的方法

测量工作中，常采用方位角来表示直线的方向。

由标准方向的北端起，顺时针方向量到某直线的夹角，称为该直线的方位角。角值范围为 0°～360°。

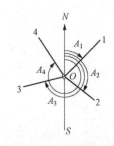

图 2 - 22　方位角示意

如图 2 - 22 所示，若标准方向 ON 为真子午线方向，并用 A 表示真方位角，则 A_1、A_2、A_3、A_4 分别为直线 O_1、O_2、O_3、O_4 的真方位角。若 ON 为磁子午线方向，则各角分别为相应直线的磁方位角。磁方位角用 A_m 表示。若 ON 为坐标纵轴方向，则各角分别为相应直线的坐标方位角，用 α 表示之。

3. 几种方位角之间的关系

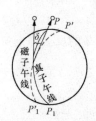

图 2 - 23　磁偏角示意

（1）真方位角与磁方位角之间的关系。由于地磁南北极与地球的南北极并不重合，因此，过地面上某点的真子午线方向与磁子午线方向常不重合，两者之间的夹角称为磁偏角，如图 2 - 23 所示中的 δ。磁针北端偏于真子午线以东称东偏，偏于真子午线以西称西偏。直线的真方位角与磁方位角之间，可用下式进行换算

$$A = A_m + \delta$$

式中的 δ 值，东偏取正值，西偏取负值。我国磁偏角的变化在 +6°到 -10°之间。

（2）真方位角与坐标方位角之间的关系。中央子午线在高斯平面上是一条直线，作为该带的坐标纵轴，而其他子午线投影后为收敛于两极的曲线，如图 2 - 24 所示。图中，地面点 M、N 等点的真子午线方向与中央子午线之间的夹角，称为子午线收敛角，用 ν 表示。ν 角有正有负。在中央子午线以东地区，各点的坐标纵轴偏在真子午线的东边，ν

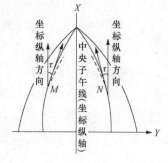

图 2 - 24　真方位角与坐标
方位角的关系

为正值；在中央子午线以西地区，ν 为负值。某点的子午线收敛角 ν，可用该点的高斯平面直角坐标为引数，在测量计算用表中可以查到。

也可用下式计算：

$$\nu = (L - L_0)\sin B$$

式中　L_0——中央子午线的经度；

L、B——计算点的经纬度。

真方位角与坐标方位角之间的关系，如图 2-25 所示，可用下式进行换算

$$A_{12} = \alpha_{12} + \nu$$

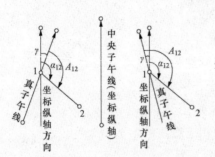

图 2-25　坐标方位角与磁方位角的关系

（3）坐标方位角与磁方位角的关系。若已知某点的磁偏角 δ 与子午线收敛角 ν，则坐标方位角与磁方位角之间的换算式为

$$\alpha = A_m + \delta - \nu$$

4. 正、反坐标方位角

测量工作中的直线都是具有一定方向的。如图 2-26 所示，直线 1-2 的点 1 是起点，点 2 是终点；通过起点 1 的坐标纵轴方向，与直线 1-2 所夹的坐标方位角 α_{12}，称为直线 1-2 的正坐标方位角。过终点 2 的坐标纵轴方向与直线 2-1 所夹的坐标方位角，称为直线 1-2 的反坐标方位角（是直线 2-1 的正坐标方位角）。正、反坐标方位角相差 180°，即

$$\alpha_{21} = \alpha_{12} + 180°$$

由于地面各点的真（或磁）子午线收敛于两极，并不互相平行，致使直线的反真（或磁）方位角不与正真（或磁）方位角差 180°，给测量计算带来不便，故测量工作中，均采用坐标方位角进行直线定向。

图 2-26　正、反坐标方位角

5. 坐标方位角的推算

为了整个测区坐标系统的统一，测量工作中并不直接测定每条边的方向，而是通过与已知点（其坐标为已知）的连测，以推算出各边的坐标方位角。如图 2-27 所示，B、A 为已知点，AB 边的坐标方位角 α_{AB} 为已知，通过连测求得 $A-B$ 边与 $A-1$ 边的连接角为 β'，测出了各点的右（或左）角 β_A、β_1、β_2 和 β_3，现在要推算 $A-1$、$1-2$、$2-3$ 和 $3-A$ 边的坐标方位角。所谓右（或左）角，是指位于以编号顺序为前进方向的右（或左）边的角度。

由图 2 - 27 可以看出

$$\alpha_{A1} = \alpha_{AB} + \beta'$$

$$\alpha_{12} = \alpha_{1A} - \beta'_{1(右)} = \alpha_{A1} + 180° - \beta_{1(右)}$$

$$\alpha_{23} = \alpha_{12} + 180° - \beta_{2(右)}$$

$$\alpha_{3A} = \alpha_{23} + 180° - \beta_{3(右)}$$

$$\alpha_{A1} = \alpha_{3A} + 180° - \beta_{A(右)}$$

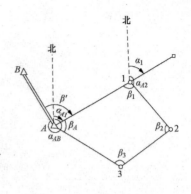

图 2 - 27　坐标方位角的推算

将算得 α_{A1} 与原已知值进行比较，以检核计算中有无错误。计算中，如果 $\alpha + 180°$ 小于 $\beta_{(右)}$，应先加 360° 再减 $\beta_{(右)}$。

如果用左角推算坐标方位角，由图 2 - 27 可以看出

$$\alpha_{12} = \alpha_{A1} + 180° + \beta_{1(左)}$$

计算中，如果 α 值大于 360°，应减去 360°，同理可得

$$\alpha_{23} = \alpha_{12} + 180° + \beta_{2(左)}$$

从而可以写出，推算坐标方位角的一般公式为

$$\alpha_{前} = \alpha_{后} + 180° \pm \beta$$

式中，β 为左角取正号，β 为右角取负号。

五、用罗盘仪测定磁方位角

1. 罗盘仪的构造

罗盘仪是测量直线磁方位角的仪器，如图 2 - 28 所示。罗盘仪构造简单、使用方便，但精度不高，外界环境对仪器的影响较大，如钢铁建筑和高压电线，都会影响其精度。当测区内没有国家控制点可用，需要在小范围内建立假定坐标系的平面控制网时，可用罗盘仪测量磁方位角，作为该控制网起始边的坐标方位角；陀螺经纬仪精确定向时，也需要先用罗盘仪粗定向。

罗盘仪的主要部件有磁针、刻度盘、望远镜和基座。

（1）磁针。磁针 11 用人造磁铁制成，磁针在度盘中心的顶针尖上可自由转动。为了减轻顶针尖的磨损，不用时，可用磁针固定螺旋 12 升高磁针固定杆 14，将磁针固定在玻璃盖上。

（2）刻度盘。用钢或铝制成的圆环，随望远镜一起转动，每隔 10° 有一注记，按逆时针方向从 0° 注记到 360°，最小分划为 1°。刻度盘内装有一个圆水准器或者两个相互垂直的管水准器 13，用手控制气泡居中，使罗盘仪水平。

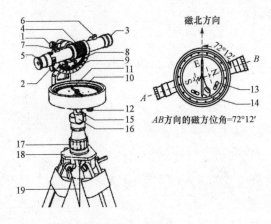

图 2-28　罗盘仪

1—望远镜制动螺旋；2—望远镜微动螺旋；3—物镜；4—物镜调焦螺旋；

5—目镜调焦螺旋；6—准星；7—照门；8—竖直度盘；9—竖盘读数指标；10—水平度盘；

11—磁针；12—磁针固定螺旋；13—管水准器；14—磁针固定杆；15—水平制动螺旋；

16—球臼接头；17—接头螺钉；18—三脚架头；19—垂球线

（3）望远镜。罗盘仪的望远镜与经纬仪的望远镜结构基本相似，也有物镜调焦螺旋 4、目镜调焦螺旋 5 和十字丝分划板等，望远镜的视准轴与刻度盘的 0°分划线共面。

（4）基座。采用球臼结构，松开接头螺旋 17，可摆动刻度盘，使水准气泡居中，度盘处于水平位置，然后拧紧接头螺旋。

2. 用罗盘仪测定直线磁方位角的方法

欲测直线 AB 的磁方位角，将罗盘仪安置在直线起点 A，挂上垂球对中后，松开球臼接头螺旋，用手向前、后、左或右方向转动刻度盘，使水准器气泡居中，拧紧球臼接头螺丝，使仪器处于对中与整平状态。松开磁针固定螺旋，让它自由转动；转动罗盘，用望远镜照准 B 点标志；待磁针静止后，按磁针北端所指的度盘分划值读数，即为 AB 边的磁方位角值，如图 2-28 所示。

使用罗盘仪时，应避开高压电线和避免铁质物体接近仪器，测量结束后，应旋紧固定螺旋，将磁针固定在玻璃盖上。

第三章

水准测量

一、水准测量的基本原理

水准测量是利用一条水平视线，并借助水准尺，来测定地面两点间的高差，由已知点的高程推算出未知点的高程的方法。

如图 3 - 1 所示，欲测定 A、B 两点之间的高差 h_{AB}，可在 A、B 两点上分别竖立有刻画的尺子——水准尺，并在 A、B 两点之间安置一台能提供水平视线的仪器——水准仪。根据仪器的水平视线，在 A 点尺上读数，设为 a，在 B 点尺上读数，设为 b，则 A、B 两点间的高差为

$$h_{AB} = a - b \tag{3 - 1}$$

如果水准测量是由 A 到 B 进行的，如图 3 - 1 中的箭头所示，由于 A 点为已知高程点，故 A 点尺上读数 a 称为后视读数；B 点为欲求高程的点，则 B 点尺上读数 b 为前视读数。高差等于后视读数减去前视读数。$a > b$，高差为正；反之，为负。

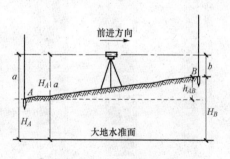

图 3 - 1　水准测量原理

若已知 A 点的高程为 H_A，则 B 点的高程为

$$H_B = H_A + h_{AB} = H_A + (a - b) \tag{3 - 2}$$

还可通过仪器的视线高 H_i 计算 B 点的高程，即

$$\begin{cases} H_i = H_A + a \\ H_B = H_i - b \end{cases} \tag{3 - 3}$$

式（3 - 2）是直接利用高差 h_{AB} 计算 B 点高程的，称高差法，式（3 - 3）是

利用仪器视线高程 H_i 计算 B 点高程的，称仪高法。当安置一次仪器，要求测出若干个前视点的高程时，仪高法比高差法方便。

二、水准测量仪器及检校

1. 水准尺

水准尺又称"水准标尺"。有的尺上装有圆水准器或水准管，以便检验立尺时，尺身是否垂直（这是水准测量的基本要求）。一般常用的水准尺有以下两种。

（1）塔尺。塔尺多是由三节组合的空心木尺组成，因全部抽起后形似宝塔而得名。每节由下至上逐级缩小，不用时可逐节缩进，以便携带或存放，使用时再逐节拉出。各节拉出后，在接合处用弹簧卡口卡住。使用时，要检查卡口弹簧是否卡好。在使用过程中也要经常注意检查，以免尺长产生变动，引起测量结果错误。塔尺的总长一般为 4~5m，如图 3-2（a）所示，可用于精度要求不甚高的水准测量。

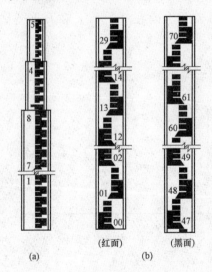

图 3-2　两种水准尺

（a）塔尺；（b）双面水准尺

（2）双面水准尺。双面水准尺为木制板条状直尺，两面都有刻画尺度，如图 3-2（b）所示。全长多为 3~4m。

塔尺或双面水准尺，尺面刻画有黑白相间或红白相间的小格，每格为 5mm [图 3-2（a）] 或 1cm [图 3-2（b）]。在每一分米处标注尺度数字，从 1m 起至 2m 间的分米数上方加一个圆点，2~3m 间的分米数上方加两个圆点，以此类推。例如，5 为 1.5m，7 为 3.7m。数字注记又有正写和倒写两种，如图 3-2（b）所示即为倒写数字的水准尺。因测量仪器的望远镜成像多为倒像，故倒写的数字在望远镜中读起来变成正像，方便而不易出差错。

双面水准尺的两个尺面都有刻画。一面为黑色，称为"主尺"，也称为"黑尺"；另一面为红色，称为"副尺"，也称为"红尺"。

塔尺的底部和双面尺的黑尺面底部，均为尺的零点；红尺面底部一只为

4.687m，另一只为 4.787m，故双面水准尺，由两只尺面刻画不同的尺配成一套，供读尺时检核有无差错之用。测量时，先用黑尺面，再在同一测点上反转尺面，用红尺面读数，如两次读数结果之差为 4.687m±0.003m 或 4.787m±0.003m，表示读数无错误。否则，应立即重测。

因木质水准尺易变形，使用时间长易朽坏，故现在多改用铝合金尺，既轻便又耐用。

2. 尺垫

尺垫用生铁制成。水准测量时，在立尺点放置尺垫，用脚踩使铁脚嵌入土内，使尺垫紧贴地面，水准尺则竖直立于尺垫中心半圆球顶部，如图 3-3 所示。以防施测时尺底下沉，使读尺数产生误差。

3. 微倾式水准仪

（1）微倾式水准仪的组成。水准仪的作用是提供一条水平视线，能照准离水准仪一定距离处的水准尺并读取尺上的读数。通过调整水准仪，使管内水准气泡居中获得水平视线的水准仪，称为微倾式水准仪；通过补偿器获得水平视线读数的水准仪，称为自动安平水准仪。本节主要介绍微倾式水准仪的结构。

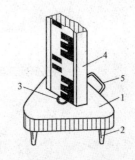

图 3-3 尺垫
1—尺垫；2—铁脚；3—半圆球；4—水准尺；5—提手

国产微倾式水准仪的型号有 DS05、DS1、DS3、DS10，其中字母 D、S 分别为"大地测量"和"水准仪"汉语拼音的第一个字母，字母后的数字表示以毫米为单位的、仪器每千米往返测高差中数的中误差。DS05、DS1、DS3、DS10水准仪每千米往返测高差中数的中误差，分别为±0.5mm、±1mm、±3mm、±10mm。

通常称 DS05、DS1 为精密水准仪，主要用于国家一、二等水准测量和精密工程测量；称 DS3、DS10 为普通水准仪，主要用于国家三、四等水准测量和常规工程建设测量。工程建设中，使用最多的是 DS3 普通水准仪，如图 3-4 所示。

水准仪主要由望远镜、水准器和基座组成。

1）望远镜。望远镜用来照准远处竖立的水准尺并读取水准尺上的读数，要求望远镜能看清水准尺上的分划和注记并有读数标志。根据在目镜端观察到的物体成像情况，望远镜可分为正像望远镜和倒像望远镜。图 3-5 为倒像望远镜的结构图，它由物镜、调焦透镜、十字丝分划板和目镜组成。

2）水准器。水准器用于置平仪器，有管水准器和圆水准器两种。

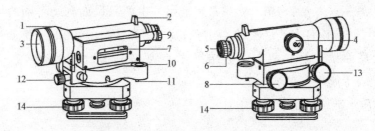

图 3-4　DS3 微倾式水准仪

1—准星；2—照门；3—物镜；4—物镜调焦螺旋；5—目镜；6—目镜调焦螺旋；

7—管水准器；8—微倾螺旋；9—管水准气泡观察窗；10—圆水准器；

11—圆水准器校正螺钉；12—水平制动螺旋；13—水平微动螺旋；14—脚螺旋

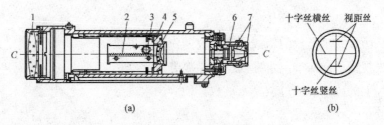

图 3-5　望远镜的结构

1—物镜；2—齿条；3—调焦齿轮；4—调焦镜座；

5—物镜调焦螺旋；6—十字丝分划板；7—目镜组

①管水准器。管水准器由玻璃圆管制成，其内壁磨成一定半径 R 的圆弧，如图 3-6 所示。将管内注满酒精或乙醚，加热封闭冷却后，管内形成的空隙部分充满了液体的蒸气，称为水准气泡。因为蒸气的相对密度小于液体，所以，水准气泡总是位于内圆弧的最高点。

管水准器内圆弧中点 O 称为管水准器的零点，过零点作内圆弧的切线 LL 称为管水准器轴。当管水准器气泡居中时，管水准器轴 LL 处于水平位置。

在管水准器的外表面，对称于零点的左右两侧，刻画有 2mm 间隔的分划线。定义 2mm 弧长所对的圆心角为管水准器的分划值。

$$\tau'' = \frac{2}{R}\rho'' \qquad (3-4)$$

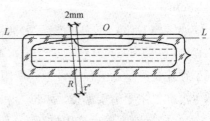

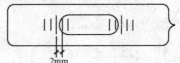

图 3-6　管水准器

式中，$\rho'' = 206\,265$ 为弧秒值，也即 1 弧度等于 $206\,265''$，R 为以 mm 为单位的管水准器内圆弧的半径。分划值 τ'' 的几何意义为：当水准气泡移动 2mm 时，管水准器轴倾斜角度为 τ''。显然，R 越大，τ'' 越小，管水准器的灵敏度越高，仪器置平的精度也越高，反之置平精度就低。

DS3 水准仪器水准器的分划值为 $20''/2\text{mm}$。

管水准器一般装在圆柱形、上面开有窗口的金属管内，用石膏固定。如图 3-7 所示，一端用球形支点 A，另一端用 4 个校正螺钉将金属管连接在仪器上。用校正针拨动校正螺钉，可以使管水准器相对于支点 A 做升降或左右移动，从而校正管水准器轴平行于望远镜的视准轴。

②圆水准器。圆水准器由玻璃圆柱管制成，其顶面内壁为磨成一定半径 R 的球面，中央刻有小圆圈，其圆心 O 为圆水准器的零点，过零点 O 的球面法线为圆水准器轴，如图 3-8 所示。当圆水准气

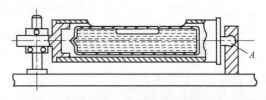

图 3-7 管水准器的安装

泡居中时，圆水准器轴处于竖直位置；当气泡不居中，气泡偏移零点 2mm 时，轴线所倾斜的角度值，称为圆水准器的分划值 τ'。τ' 一般为 $8' \sim 10'$。圆水准器的 τ' 大于管水准器的 τ'，它通常用于粗略整平仪器。

制造水准仪时，使圆水准器轴平行于仪器竖轴。旋转基座上的三个脚螺旋使圆水准气泡居中时，圆水准器轴处于竖直位置，从而使仪器竖轴也处于竖直位置。

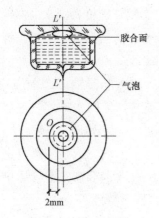

图 3-8 圆水准器

3）基座。基座的作用是支承仪器的上部，用中心螺旋将基座连接到三脚架上。基座由轴座、脚螺旋、底板和三角压板构成。

（2）微倾式水准仪的检验和校正。

1）水准仪应满足的条件。根据水准测量原理，水准仪必须提供一条水平视线，才能正确地测出两点间的高差。为此，水准仪应满足的条件如下。

①圆水准器轴 $L'L'$ 应平行于仪器的竖轴 VV。

②十字丝的中丝（横丝）应垂直于仪器的竖轴。

③如图 3-9 所示，水准管轴 LL 应平行于视准

轴CC。

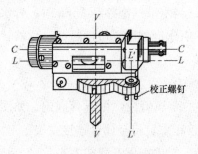

图3-9 微倾式水准仪

①圆水准器轴平行于仪器竖轴的检验与校正。

a. 检验。如图3-10（a）所示，用脚螺旋使圆水准器气泡居中，此时圆水准器轴$L'L'$处于竖直位置。如果仪器竖轴VV与$L'L'$不平行，且交角为α，那么竖轴VV与竖直位置偏差α角。将仪器绕竖轴旋转180°，如图3-10（b）所示，圆水准器转到竖轴的左面，$L'L'$不但不竖直，而且与竖直线ll的交角为2α，显然气泡不再居中，而离开零点的弧长所对的圆心角为2α。这说明圆水准器轴$L'L'$不平行竖轴VV，需要校正。

b. 校正。如图3-10（b）所示，通过检验证明了$L'L'$不平行于VV。则应调整圆水准器下面的三个校正螺钉，圆水准器校正结构如图3-11所示，校正前应先稍松中间的固紧螺钉，然后调整三个校正螺

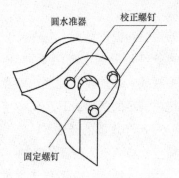

图3-11 圆水准器校正结构

2）检验与校正。上述水准仪应满足的各项条件，在仪器出厂时已经过检验与校正而得到满足，但由于仪器在长期使用和运输过程中受到振动和碰撞等影响，各轴线之间的关系发生变化，若不及时检验校正，将会影响测量成果的质量。所以，在水准测量之前，应对水准仪进行认真的检验和校正。

检校的内容有以下三项。

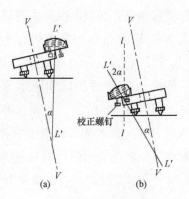

图3-10 水准仪检验

（a）用脚螺旋使圆水准器气泡居中；

（b）将仪器绕竖轴旋转180°

钉，使气泡向居中位置移动偏离量的一半，如图3-12（a）所示。这时，圆水准器轴$L'L'$与VV平行。然后再用脚螺旋整平，使圆水准器气泡居中，竖轴VV则处于竖直状态，如图3-12（b）所示。校正工作一般都难于一次完成，需反复进行直至仪器旋转到任何位置圆水准器气泡皆居中时为止。最后应注意拧紧固紧螺钉。

②十字丝横丝垂直于仪器竖轴的检验与校正。

a. 检验。安置仪器后，先将横丝一端对准一

个明显的点状目标 M，如图 3-13（a）所示。然后固定制动螺旋，转动微动螺旋，如果标志点 M 不离开横丝，如图 3-13（b）所示，则说明横丝垂直竖轴，不需要校正。否则，如图 3-13（c）、（d）所示，则需要校正。

b. 校正。校正方法因十字丝分划板座装置的形式不同而异。对于图 3-14 形式，用螺丝刀松开分划

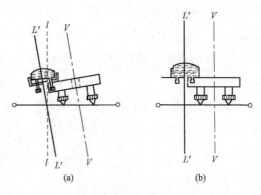

图 3-12　水准器校正

板座固定螺钉，转动分划板座，改正偏离量的一半，即满足条件。也有卸下目镜处的外罩，用螺丝刀松开分划板座的固定螺钉，拨正分划板座的。

(a)　　　　　　(b)　　　　　　　　　　(c)　　　　　　(d)

图 3-13　十字丝横丝的检验与校正

③视准轴平行于水准管轴的检验校正。

a. 检验。如图 3-15 所示，在 S_1 处安置水准仪，从仪器向两侧各量约 40m，定出等距离的 A、B 两点，打木桩或放置尺垫标志之。

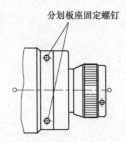

图 3-14　分划板座固定螺钉

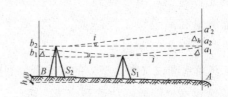

图 3-15　管水准器轴平行于视准轴的检验

在 S_1 处用变动仪高（或双面尺）法，测出 A、B 两点的高差。若两次测得的高差的误差不超过 3mm，则取其平均值 h_{AB} 作为最后结果。由于距离相等，两轴不平行导致的误差 Δh 可在高差计算中自动消除，故 h 值不受视准轴误差的影响。

安置仪器于 B 点附近的 S_2 处，离 B 点约 3m，精平后读得 B 点水准尺上的读数为 b_2，因仪器离 B 点很近，两轴不平行引起的读数误差可忽略不计。故根据 b_2 和 A、B 两点的正确高差 h_{AB} 算出 A 点尺上应有读数为

$$a_2 = b_2 + h_{AB} \tag{3-5}$$

然后，瞄准 A 点水准尺，读出水平视线读数 a'_2，如果 a'_2 与 a_2 相等，则说明两轴平行。否则存在 i 角，其值为

$$\tau'' = \frac{\Delta h}{D_{AB}} \cdot \rho'' \tag{3-6}$$

式中，$\Delta h = a'_2 - a_2$；$\rho = 206\ 265''$。

对于 DS3 级微倾水准仪，i 值不得大于 $20''$，如果超限，则需要校正。

b. 校正。转动微倾螺旋使中丝对准 A 点尺上正确读数 a_2，此时视准轴处于水平位置，但管水准气泡必然偏离中心。为了使水准管轴也处于水平位置，达到视准轴平行于水准管轴的目的，可用拨针拨动水准管一端的上、下两个校正螺钉（图 3-16），使气泡的两个半像重合。在松紧上、下两个校正螺钉前，应稍旋松左、右两个螺钉，校正完毕再旋紧。这项检验校正要反复进行，直至 i 角小于 $20''$ 为止。

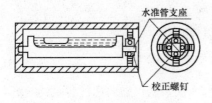

图 3-16　微倾螺钉校正

4. 精密水准仪

（1）精密水准仪的基本性能。精密水准仪和一般微倾式水准仪的构造基本相同。但与一般水准仪相比有制造精密、望远镜放大倍率高、水准器分划值小、最小读数准确等特点。因此，它能提供精确水平视线、准确照准目标和精确读数，是一种高级水准仪。测量时它和精密水准尺配合使用，可取得高精度测量成果。精密水准仪主要用于国家一、二等水准测量和高等级工程测量，如大型建（构）筑物施工、大型设备安装、建筑物沉降观测等测量中。

普通水准仪（S-3 型）的水准管分划值为 $20''/2mm$，望远镜放大倍率不大于 30 倍，水准尺读数可估读到毫米。进行普通水准测量，每千米往返测高差偶然中误差不大于 $\pm 3mm$。精密水准仪（$S_{0.5}$ 或 S_1 型）水准管有较高的灵敏度，分划值为 $8 \sim 10''/2mm$，望远镜放大倍率不小于 40 倍，照准精度高、亮度大，装有光学测微系统，并配有特制的精密水准尺，可直读 $0.05 \sim 0.1mm$，每千米往返测高差偶然中误差不大于 $0.5 \sim 1.0mm$。国产精密水准仪技术参数见表 3-1。

表 3 - 1 　　　　　　　　　　　国产精密水准仪的技术参数

技术参数项目	水准仪型号	
	$S_{0.5}$	S_1
每千米往返测平均高差中误差（mm）	±0.5	±1
望远镜放大倍率	≥40	≥40
望远镜有效孔径（mm）	≥60	≥50
水准管分划值	10″/2mm	10″/2mm
测微器有效移动范围（mm）	5	5
测微器最小分划值（mm）	0.05	0.05

（2）光学测微器。光学读数测微器通过扩大了的测微分划尺，可以精读出小于分划值的尾数，改善普通水准仪估读毫米位存在的误差，提高了测量精度。

精密水准仪的测微装置如图 3 - 17 所示，它由平行玻璃板、测微分划尺、传动杆和测微轮系统组成，读数指标线刻在一个固定的棱镜上。测微分划尺刻有 100 个分格，它与水准尺的 10mm 相对应，即水准尺影像每移动 1mm，测微尺则移动 10 个分格，每个分格为 0.1mm，可估读至 0.01mm。

测微装置工作原理是：平行玻璃板装在物镜前，通过传动齿条与测微尺连接，齿条由测微轮控制，转动测微轮，齿条前后移带动玻璃板绕其轴向前后倾斜，测微尺也随之移动。

当平行玻璃板竖直时［与视准轴垂直，如图 3 - 17（a）］水平视线不产生平移，测微尺上的读数为 5.00mm；当平行玻璃板向前后倾斜时，根据光的折射原理，视线则上下平移，如图 3 - 17（b）所示，测微尺有效移动范围为上下各 5mm（50 个分格）。如测

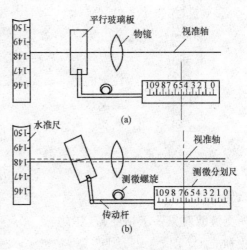

图 3 - 17　测微读数装置

微尺移到 10mm 处，则视线向下平移 5mm；若测微尺移到 0mm 处，则视线向上平移 5mm。

需要说明的是，测微尺上的 10mm 注字，实际真值是 5mm，也就是注记数字比真值大 1 倍，这样就和精密水准尺的注字相一致（精密水准尺的注字比实际

长度大1倍），以便于读数和计算。

如图3-17所示，当平行玻璃板竖直时，水准尺上的读数在1.48～1.49，此时测微尺上的读数是5mm，而不是0，旋转测微轮，则平行玻璃板向前倾斜，视线向下平移，与就近的1.48m分划线重合，此时测微尺的读数为6.54mm，视线平移量为6.54～5.00mm，最后读数为：1.48m＋6.54mm－5.00mm＝1.486 54m－5.00mm。

在上式中，每次读数都应减去一个常数值5mm，但在水准测量计算高差时，因前、后视读数都含这个常数，会互相抵消。所以，在读数、记录和计算过程中都不考虑这个常数。但在进行单向测量读数时，就必须减去这个常数。

（3）精密水准尺的构造。图3-18为与DS-1型精密水准仪配套使用的精密水准尺。该尺全长3m，注字长6m，在木质尺身中间的槽内装有膨胀系数极小的因瓦合金带，故称因瓦尺。带的下端固定，上端用弹簧拉紧，以保证带的平直并且不受尺身长度变化的影响。因瓦合金带分左右两排分划，每排最小分划均为10mm，彼此错开5mm，把两排的分划合在一起使用，便成为左右交替形式的分划，其分划值为5mm。合金带右边从0～5注记米数，左边注记分米数，大三角形标志对准分米分划，小三角形标志对准5cm分划，注记的数字为实际长度的2倍，即水准尺的实际长度等于尺面读数的1/2，所以用此水准尺进行测量作业时，须将观测高差除以2，才是实际高差。

图3-18 精密水准尺

（4）精密水准仪的读数方法。精密水准仪与一般微倾水准仪构造原理基本相同。因此使用方法也基本相同，只是精密水准仪装有光学测微读数系统，所测量的对象要求精度高，操作要更加准确。图3-19是DS-1型精密水准仪目镜视场影像，读数程序如下。

1）望远镜水准管气泡调到精平，提供高精度的水平视线，调整物镜、目镜，精确照准尺面。

2）转动测微轮，使十字丝的楔

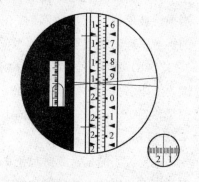

图3-19 DS-1型精密水准仪目镜视场影像

形丝精确夹住尺面整分划线，读取该分划线的读数，图中为 1.97m。

3）再从目镜右下方测微尺读数窗内读取测微尺读数，图中为 1.50mm（测微尺每分格为 0.1mm，每注字格 1mm）。

4）水准尺全部读数为 1.97m＋1.50mm＝1.971 50m。

5）尺面读数是尺面实际高度的一半，应除以 2，即 1.97150÷2＝0.985 75m。

测量作业过程中，可用尺面读数进行运算，在求高差时，再将所得高差值除以 2。

图 3-20 为蔡司 NI004 水准仪目镜视场影像，下面是水准管气泡影像，并刻有读数，测微尺刻在测微鼓上，随测微轮转动。该尺刻有 100 个分格，最小分划值为 0.1mm（尺面注字比实长大 1 倍，所以最小分划实为 0.05mm）。

当楔形丝夹住尺面 1.92m 分划时，测微尺上的读数为 34.0（即 3.40m），尺面全部读数为 1.92m＋3.40mm＝1.923 40m，实际尺面高度为 1.923 40÷2＝0.961 70m。

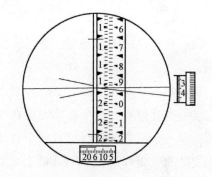

图 3-20　蔡司 NI004 水准仪目镜视场影像

（5）精密水准仪使用要点。

1）水准仪、水准尺要定期检校，以减少仪器本身存在的误差。

2）仪器安置位置应符合所测工程对象的精度要求，如视线长度、前后视距差、累计视距差和仪器高都应符合观测等级精度的要求，以减少与距离有关的误差影响。

3）选择适于观测的外界条件，要考虑强光、光折射、逆光、风力、地表蒸气、雨天和温度等外界因素的影响，以减少观测误差。

4）仪器应安稳精平，水准尺应利用水准管气泡保持竖直，立尺点（尺垫、观测站点、沉降观测点）要有良好的稳定性，防止点位变化。

5）观测过程要仔细认真，粗枝大叶是测不出精确成果的。

6）熟练掌握所用仪器的性能、构造和使用方法，了解水准尺尺面分划特点和注字顺序，情况不明时不要作业，以防造成差错。

5. 自动安平水准仪

（1）自动安平水准仪的基本性能。微倾式水准仪安平过程中，利用圆水准器盒只能使仪器达到初平，每次观测目标读取读数前，必须利用微倾螺旋将水准管气泡调到居中，使视线达到精平。这种操作程序既麻烦又影响工效，有时会因忘记调微倾螺旋造成读数误差。自动安平水准仪在结构上取消了水准管和微倾螺旋，而在望远镜光路系统中安置了一个补偿装置（图 3 - 21），当圆水准器调平后，视线虽仍倾斜一个 α 角，但通过物镜光心的水平视线经补偿器折射后，仍能通过十字丝交点，这样十字丝交点上读到的仍是视线水平时应该得到的读数。自动安平水准仪的主要优点就是视线能自动调平，操作简便；若仪器安置不稳或有微小变动时，能自动迅速调平，可以提高测量精度。

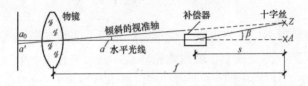

图 3 - 21　补偿器折光示意

（2）水准仪的光路系统。图 3 - 22 是 DSZ-3 型自动安平水准仪的光路示意图。

该仪器在对光透镜和十字丝分划板之间安装一个补偿器。这个补偿器由两个直角棱镜和一个屋脊棱镜组成，两个直角棱镜用交叉的金属片吊挂在望远镜上，能自由摆动，在物体重力 g 作用下，始终保持铅直状态。

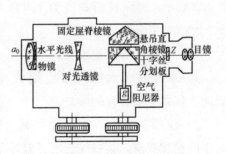

图 3 - 22　DSZ-3 型自动安平
水准仪的光路示意图

如图 3 - 22 所示，该仪器处于水平状态，视准轴水平时水准尺上读数为 a_0。光线沿水平视线进入物镜后经过第一个直角棱镜反射到屋脊棱镜，在屋脊棱镜内作三次反射后到达另一个直角棱镜，又被反射一次最后通过十字丝交点，读得视线水平时的读数 a_0。

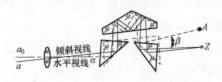

图 3 - 23　水准仪自动调平示意图

（3）仪器自动调平原理。当望远镜视线倾斜微小 α 角时（图 3 - 23），如果补偿器不起作用，两个直角棱镜和屋脊棱角都随望远镜一起倾斜一个 α 角（如图中虚线所示），则通过物镜光心的水平视线经棱镜几次反射后，并不通过十字丝交点 Z，而是通过 A。此时十字丝交点上的读数不

是水平视线的读数 a_0，而是 a'。实际上，当视线倾斜 α 角时，悬吊的两个直角棱镜在重力作用下，相对于望远镜屋脊棱镜偏转了一个 α 角，转到实线表示的位置（两个直角棱镜保持铅直状态）。这时，Z 沿着光线（水平视线）在尺上的读数仍为 a_0。

补偿器的构造就是根据光的反射原理，当望远镜视准轴倾斜任意角度（当然很微小）时，水平视线通过补偿器都能恰好通过十字丝交点，读到正确读数，补偿器就这样起到了自动调平的作用。

三、水准测量方法

1. 水准点

为统一全国的高程系统和满足各种测量的需要，国家各级测绘部门在全国各地埋设并测定了很多高程点，这些点称为水准点（BenchMark，通常缩写为 BM）。在一、二、三、四等水准测量中，称一、二等水准测量为精密水准测量，三、四等水准测量为普通水准测量，采用某等级的水准测量方法测出其高程的水准点称为该等级水准点。各等水准点均应埋设永久性标石或标志，水准点的等级应注记在水准点标石或标记面上。

在已知高程的水准点和待定点之间进行水准测量就可以计算出待定点的高程。水准点标石的类型可分为：基岩水准标石、基本水准标石、普通水准标石和墙脚水准标志 4 种，其中混凝土普通水准标石和墙脚水准标志的埋设要求如图 3-24 所示。水准点在地形图上的表示符号如图 3-25 所示，图中的 2.0 表示符号圆的直径为 2mm。

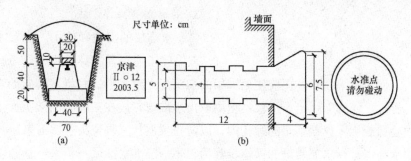

图 3-24 水准点

（a）混凝土普通水准标石；（b）墙脚水准标志埋设

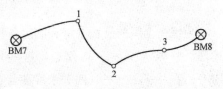

图 3-25 水准点在地形图上
的表示符号

在大比例尺地形图测绘中，常用图根水准测量来测量图根点的高程，这时的图根点也称图根水准点。

2. 水准路线

水准测量时行进的路线，称为"水准路线"。根据测区具体情况和施测需要，可选用不同的水准路线。

（1）附合水准路线：起止于两个已知水准点间的水准路线称为"附合水准路线"。当测区附近有高级水准点时，如图 3-26 所示，可由一高级水准点 BM7 开始，沿待测各高程的水准点 1，2，…做水准测量，最后附合到另一高级水准点 BM8，以便校核测量结果有无差错，或鉴别测量结果的精度，是否符合要求。

（2）闭合水准路线：起止于同一已知水准点的封闭水准路线称为"闭合水准路线"。当测区附近只有一个高级水准点时，如图 3-27 所示，可从这一水准点 BM12 出发，沿待测高程的各水准点 1，2，…

图 3-26 附合水准路线

进行水准测量，最后又回归到起始点 BM12，形成一个闭合的路线。

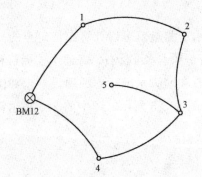

（3）支水准路线。从一已知水准点出发，终点不附合或不闭合于另一已知水准点的水准路线，称为"支水准路线"。

如图 3-27 所示，从某水准点 3 出发，进行水准测量到点 5，既不附合到另一水准点，也不形成闭合的路线。

3. 水准测量操作方法

（1）水准仪的安置和使用。安置水准仪

图 3-27 闭合水准路线及支水准路线

前，首先应按观测者的身高调节好三脚架的高度，为便于整平仪器，还应使三脚架的架头面大致水平，并将三脚架的三个脚尖踩入土中，使脚架稳定；从仪器箱内取出水准仪，放在三脚架的架头面上，立即用中心螺旋旋入仪器基座的螺孔内，以防止仪器从三脚架头上摔下来。

用水准仪进行水准测量的操作步骤为粗平→瞄准水准尺→精平→读数，介绍如下。

1）粗平。粗略整平仪器。旋转脚螺旋使圆水准气泡居中，仪器的竖轴大致铅垂，从而使望远镜的视准轴大致水平。旋转脚螺旋方向与圆水准气泡移动方向的规律是：用左手旋转脚螺旋时，左手大拇指移动方向即为水准气泡移动方向；用右手旋转脚螺旋时，右手食指移动方向即为水准气泡移动方向，如图 3-28 所示。初学者一般先练习用一只手操作，熟练后再练习用双手操作。

2）瞄准水准尺。首先，进行目镜对光，将望远镜对准明亮的背景，旋转目镜调焦螺旋，使十字丝清晰。再松开制动螺旋，转动望远镜，用望远镜上的准星和照门瞄准水准尺，拧紧制动螺旋。从望远镜中观察目标，旋转物镜调焦螺旋，使目标清晰，再旋转微动螺旋，使竖丝对准水准尺，如图 3-29 所示。

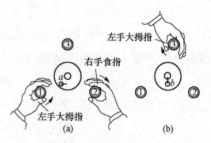

图 3-28　脚螺旋转动方向与圆
水准气泡移动方向的规律

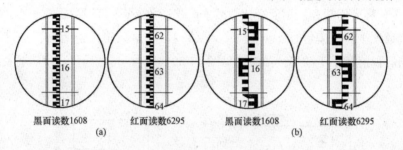

黑面读数1608　　　红面读数6295　　　黑面读数1608　　　红面读数6295
　　(a)　　　　　　　　　　　　　　　　　　　(b)

图 3-29　水准尺读数示例
(a) 0.5cm 分划直尺；(b) 1cm 分划直尺

3）精平。先从望远镜侧面观察管水准气泡偏离零点的方向，旋转微倾螺旋，使气泡大致居中，再从目镜左边的附合气泡观察窗中查看两个气泡影像是否吻合，如不吻合，再慢慢旋转微倾螺旋直至完全吻合为止。

4）读数。仪器精平后，应立即用十字丝的横丝在水准标尺上读数。对于倒像望远镜，所用水准尺的注记数字是倒写的，此时从望远镜中所看到的像是正立的。水准标尺的注记是从标尺底部向上增加的，而在望远镜中则变成从上向下增加，所以在望远镜中读数应从上往下读。可以从水准尺上读取 4 位数字，其中前面两位为米位和分米位，可从水准尺注记的数字直接读取，后面的厘米位则要数分划数，一个 **E** 表示 0～5cm，其下面的分划位为 6～9cm，mm 位需要估读。图 3-29（a）为黑面尺的一个读数；完成黑面尺的读数后，将水准标尺纵转 180°，立即读取红面尺的读数，如图 3-29（b）所示，这两个读数之差为 6295－1608＝4687，正好等于该尺红面注记的零点常数，说明读数正确。

（2）水准测量。水准仪的主要功能就是它能为水准测量提供一条水平视线。水准测量就是利用水准仪所提供的水平视线直接测出地面上两点之间的高差，然后再根据其中一点的已知高程来推算出另一点的高程。

1）高差法。如图3-30所示，为了测出AB间的高差h_{AB}，把仪器安置在AB两点之间，在AB点分别立水准尺，先用望远镜照准已知高程点上的A尺，读取尺面读数a，再照准待测点上B尺，读取计数b，则B点对A点的高差：

$$h_{AB} = a - b \qquad (3-7)$$

待测B点的高程

$$H_B = H_A + h_{AB} = H_A + (a - b) \qquad (3-8)$$

式中　a——已知高程点（起点）上的水准读数，称为后视读数；

　　　　b——待测高程点（终点）上的水准读数，称为前视读数。

"+"号为代数和。用后视读数减去前视读数所得的高差h_{AB}有正负之分，当后视读数大于前视读数时［见图3-30（a）］，高差为正，说明前视点高于后视点；当后视读数小于前视读数时［见图3-30（b）］，高差为负，说明前视点低于后视点。

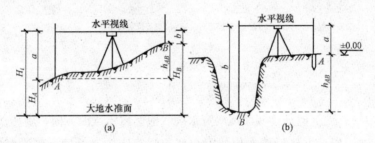

图3-30　水准测量方法

（a）后视读数大于前视读数；（b）后视读数小于前视读数

2）仪高法。用仪器的视线高减去前视读数来计算待测点的高程，称为仪高法。当安置一次仪器而要同时测很多点时，采用这种方法比较方便。从图3-31

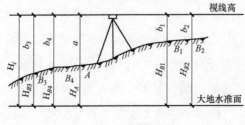

图3-31　仪高法测高程

中可以看出，若A点高程为已知，则视线高高差法和仪高法的区别在于计算顺序上的不同，其测量原理是相同的。

$$H_i = H_A + a \qquad (3-9)$$

待测点的高程

$$H_B = H_i - b \qquad (3 - 10)$$

地球表面本来是一个曲面，因施工测量范围较小，故可不考虑曲面的影响。另外，仪器安置在两点中间，使前后视距相等，也可消除地球曲率和大气折光的影响。非等级测量仪器安置的位置和高度可以任意选择，但水准仪的视线必须水平。

四、水准测量校核方法

1. 复测法（单程双线法）

从已知水准点测到待测点后，再从已知水准点开始重测一次，叫复测法或单程双线法。再次测得的高差，符号（＋、－）应相同，数值应相等。如果不相等，两次所得高差之差称为较差，用 Δh 测表示，即

$$\Delta h_测 = h_初 - h_复 \qquad (3 - 11)$$

较差小于允许误差，精度合格。然后取高差平均值计算待测点高程。

$$高差平均值 \quad h = \frac{h_初 + h_复}{2} \qquad (3 - 12)$$

高差的符号有"＋""－"之分，按其所得符号代入高程计算式。

复测法用在测设已知高程的点时，初测时在木桩侧面画一横线，复测又画一横线，若两次测得的横线不重合（见图 3 - 32），两条线间的距离就是较差（误差），若小于允许误差，取两线中间位置作为测量结果。

2. 往返测法

从已知水准点起测到待测点后，再按相反方向测回到原来的已知水准点，称往返测点。两次测得的高差，符号（＋、－）应相反，往返高差的代数和应等于零。如不等于零，其差值叫较差。即

$$\Delta h_测 = h_往 - h_返 \qquad (3 - 13)$$

较差小于允许误差，精度合格。取高差平均值计算待测点高程。

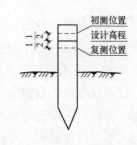

图 3 - 32 复测法测设计高程

高差平均值：

$$h = \frac{h_往 + h_返}{2} \qquad (3 - 14)$$

3. 闭合测法

从已知水准点开始，在测量水准路线上测量若干个待测点后，又测回到原来的起点上（见图3-33），由于起点与终点的高差为零，所以全线高差的代数和应等于零。如不等于零，其差值叫闭合差。闭合差小于允许误差，叫精度合格。

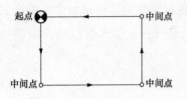

图3-33　闭合测法

在复测法、往返测法和闭合测法中，都是以一个水准点为起点，如果起点的高程记错、用错或点位发生变动，那么即使高差测得正确，计算也无误，测得的高程还是不正确的。因此，必须注意准确地抄录起点高程并检查点位有无变化。

4. 附合测法

从一个已知水准点开始，测完待测点一个或数个后，继续向前测量，直到在另一个已知水准点上闭合（见图3-34）。把测得终点对起点的高差与已知终点对起点的高差相比较，其差值叫闭合差，闭合差小于允许误差，精度合格。

图3-34　附合测法

五、水准测量误差及消减

水准测量误差包括"仪器误差"、"观测误差"和"外界环境的影响误差"三个方面。

1. 仪器误差

（1）仪器校正后的残余误差。规范规定，DS3水准仪的i角大于$20''$才需要校正，因此，正常使用情况下，i角将保持在$\pm20''$以内。由图3-34可知，i角引起的水准尺读数误差与仪器至标尺的距离成正比，只要观测时注意使前、后视距相等，便可消除或减弱i角误差的影响。在水准测量的每站观测中，使前、后视距完全相等是不容易做到的，因此规范规定，对于四等水准测量，一站的前、后视距差应小于等于5m，任一测站的前后视距累积差应小于等于10m。

（2）水准尺误差。由于水准尺分划不准确、尺长变化、尺弯曲等原因而引起的水准尺分划误差会影响水准测量的精度，因此须检验水准尺每米间隔平均真长与名义长之差。规范规定，对于区格式木质标尺，不应大于0.5mm，否则，应在所测高差中进行米真长改正。一对水准尺的零点差，可在一水准测段的观测中安排偶数个测站予以消除。

2. 观测误差

（1）管水准气泡居中误差。水准测量的原理要求视准轴必须水平，视准轴水平是通过居中管水准气泡来实现的。精平仪器时，如果管水准气泡没有精确居中，将造成管水准器轴偏离水平面而产生误差。由于这种误差在前视与后视读数中不相等，所以，高差计算中不能抵消。

DS3 水准仪管水准器的分划值为 $\tau'' = 20''/2\text{mm}$，设视线长为 100m，气泡偏离居中位置 0.5 格时引起的读数误差为

$$\frac{0.5 \times 20}{206\,265} \times 100 \times 1000 = 5\text{mm}$$

消减这种误差的方法只能是每次读尺前进行精平操作时使管水准气泡严格居中。

（2）读数误差。普通水准测量观测中的毫米位数字是根据十字丝横丝在水准尺厘米分划内的位置进行估读的，在望远镜内看到的横丝宽度相对于厘米分划格宽度的比例决定了估读的精度。读数误差与望远镜的放大倍数和视线长有关。视线越长，读数误差越大。因此，规范规定，使用 DS3 水准仪进行四等水准测量时，视线长应小于等于 80m。

（3）水准尺倾斜。读数时，水准尺必须竖直。如果水准尺前后倾斜，在水准仪望远镜的视场中不会察觉，但由此引起的水准尺读数总是偏大，且视线高度越大，误差就越大。在水准尺上安装圆水准器是保证尺子竖直的主要措施。

（4）视差。视差是指在望远镜中，水准尺的像没有准确地生成在十字丝分划板上，造成眼睛的观察位置不同时，读出的标尺读数也不同，由此产生读数误差。

3. 外界环境的影响误差

（1）仪器下沉和尺垫下沉。仪器或水准尺安置在软土或植被上时，容易产生下沉。采用"后—前—前—后"的观测顺序可以削弱仪器下沉的影响，采用往返观测，取观测高差的中数可以削弱尺垫下沉的影响。

（2）大气折光影响。晴天在日光的照射下，地面温度较高，靠近地面的空气温度也较高，其密度较上层为小。水准仪的水平视线离地面越近，光线的折射也就越大。规范规定，三、四等水准测量时应保证上、中、下三丝能读数，二等水准测量则要求下丝读数大于等于 0.3m。

（3）温度影响。当日光直接照射水准仪时，仪器各构件受热不匀引起仪器的不规则膨胀，从而影响仪器轴线间的正常关系，使观测产生误差。观测时应注意撑伞遮阳。

六、水准测量中操作要领及注意事项

正确掌握操作要领，能防止错误，减少误差，提高测量精度。

1. 施测过程中的注意事项

（1）施测前，所用仪器和水准尺等器具必须经检校。

（2）前后视距应尽量相等，以消除仪器误差和其他自然条件因素（地球曲率、大气折光等）的影响。从图 3-35（a）中可以看出，如果把仪器安置在两测点中间，即使仪器有误差（水准管轴不平行视准轴），但前后视读数中都含有同样大小的误差，用后视读数减去前视读数所得的高差，误差即抵消。如果前后视距不相等，如图 3-35（b）所示，因前后视读数中所含误差不相等，计算出的高差仍含有误差。

$$
\begin{aligned}
&(a)(a-x)-(b-x)=a-b \\
&(b)(a-x_1)-(b-x_2)\neq a-b
\end{aligned} \tag{3-15}
$$

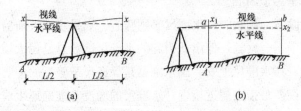

图 3-35　仪器安置位置对高差的影响

（3）仪器要安稳，要选择比较坚实的地方，三脚架要踩牢。

（4）读数时水准管气泡要居中，读数后应检查气泡是否仍居中。在强阳光照射下，要撑伞遮住阳光，防止气泡不稳定。

（5）水准尺要立直，防止尺身倾斜造成读数偏大。如 3m 长塔尺上端倾斜 30cm，读数中每 1m 将增大 5mm。要经常检查和清理尺底泥土。水准尺要立在坚硬的点位上（加尺垫、钉木桩）。作为转点，前后视读数尺子必须立在同一标高点上。塔尺上节容易下滑，使用上尺时要检查卡簧位置，防止造成尺差错误。

（6）物镜、目镜要仔细对光，以消除视差。

（7）视距不宜过长，因为视距越长读数误差越大。在春季或夏季雨后阳光下观测时，由于地表蒸气流的影响，也会引起读数误差。

（8）了解尺的刻画特点，注意倒像的读数规律，读数要准确。

（9）认真做好记录，按规定的格式填写，字迹整洁、清楚。禁止潦草记录，以免发生误解或造成错误。

（10）测量成果必须经过校核，才能认为准确可靠。

（11）要想提高测量的精度，最好的方法是多观测几次，最后取算术平均值作为测量成果。因为经多次观测，其平均值较接近这个量的真值。

2. 望远镜读尺要领

从望远镜中读尺，是学习测量的一个难点，易出差错、速度又慢，初学者只有多做练习，图 3 - 36 和表 3 - 2 所列几种情况，为读尺时易犯的错误，初学者应多加注意。

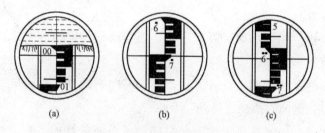

(a)　　　　　　　(b)　　　　　　　(c)

图 3 - 36　从望远镜中读尺易犯的几种错误

（a）将厘米、毫米误读成分米、厘米；

（b）将毫米误读成厘米；（c）从下方往上读尺

表 3 - 2　　　　　　　　　几种读尺易犯的错误情况

图号	图 3 - 36（a）	图 3 - 36（b）	图 3 - 36（c）
正确读数/m	0.025	1.702	2.625
错误读数/m	0.25	1.720	2.775
错误原因	将厘米、毫米、误读成分米、厘米	将毫米误读成厘米	从下方往上读尺

读尺时应注意的事项如下。

（1）DS3 型微倾式水准仪望远镜成像是倒像，尺底的像在上方，故读尺时应从上往下读数，特别注意分清尺读数是 6 还是 9。

（2）尺面刻画最小划分到厘米，毫米数需估读。

（3）特别注意勿将毫米误读成厘米；将厘米误读成分米。

初学者要多做读尺练习，可将尺倒立，用手指尺面任一点，先做到能正确读出该点的尺读数，逐步做到迅速、准确地读尺。进一步练习用望远镜读尺，做到能将十字丝横丝指示的尺读数迅速、准确地读出。

3. 测量中指挥信号要点

观测过程中，观测员要随时指挥扶尺员调整水准尺的位置，结束时还要通知扶尺员，如采用喊话等形式不仅费力而且容易产生误解。习惯做法是采用手势指挥。

（1）向上移。如水准尺（或铅笔）需向上移，观测员就向身侧伸出左手，以掌心朝上，做向上摆动之势，需大幅度移动，手即大幅度活动。需小幅度移动，就只用手指活动即可，扶尺员根据观测员的手势朝向和幅度大小来移动水准尺。当视线正确照准应读读数时，手势停住。需注意的是望远镜中看到的是倒像，指挥时不要弄错方向。

（2）向下移。如果水准尺需向下移，观测员同样伸出左手，但掌心朝下摆动，做法同前。

（3）向右移。如水准尺没有立直，上端需向右摆动，观测员就抬高左手过顶，掌心朝里，做向右摆动之势。

（4）向左移。如水准尺上端需向左摆动，观测员就抬高右手过顶，掌心朝里，做向左摆动之势。

（5）观测结束。观测员准确地读数，做好记录，认为没有疑点后，用手势通知扶尺员结束操作。手势形式是：观测员举双手由身侧向头顶划圆弧活动。扶尺员只有得到观测员的结束手势后，方能移动水准尺。

角度测量

一、角度测量原理

1. 水平角测量原理

地面上不同高程点之间的夹角是以其在水平面上投影后水平夹角的大小来表示的。图4-1中 A、O、B 是三个位于不同高程的点，为了测出 AOB 三点水平角 β 的大小，在角顶 O 点上方任意高度安置经纬仪，使经纬仪的中心（水平度盘中心）与 O 点在一条铅垂线上；先用望远镜照准 A 点（后视称始边），读取后视度盘读数 a；再转动望远镜照准 B 点（前视称终边），读取读数 b；则视线从始边转到终边所转动的角度就是地面上 A、O、B 点所夹的水平角，也就是 $\angle AOB$ 沿 OA、OB 两个竖直面投影到水平面 p 上的 $\angle aob$，其角值为水平度盘的读数差，即

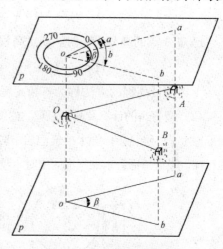

图 4-1　水平角测量原理

$$\beta = b - a \qquad (4-1)$$

式中　a——后视度盘读数；

　　　b——前视度盘读数。

测量水平角时，视线仰、俯角度的大小对水平角值无影响。

2. 竖直角测量原理

（1）竖直角的用途。竖直角主要用于将观测的倾斜距离换算为水平距离或计算三角高程。

1）倾斜距离换算为水平距离。如图4-2（a）所示，测得 A、B 两点间的斜

61

距 S 及竖直角 α，其水平距离 D 的计算公式为

$$D = S\cos\alpha \qquad (4-2)$$

2）三角高程计算。如图 4-2（b）所示，当用水准测量方法测定 A、B 两点间的高差 h_{AB} 有困难时，可以利用图中测得的斜距 S、竖直角 α、仪器高 i、标杆高 v，依式（4-3）计算 h_{AB}：

$$h_{AB} = S\sin\alpha + i - \nu \qquad (4-3)$$

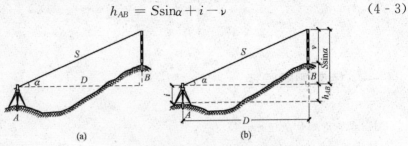

图 4-2 竖直角测量的用途

（a）倾斜距离换算为水平距离；（b）三角高程计算

已知 A 点的高程 H_A 时，B 点高程 H_B 的计算公式为

$$H_B = H_A + h_{AB} = H_A + S\sin\alpha + i - v \qquad (4-4)$$

上述测量高程的方法称为三角高程测量。

（2）竖直角的计算及测量原理。如图 4-3（a）所示，望远镜位于盘左位置，当视准轴水平、竖盘指标管水准气泡居中时，竖盘读数为 90°；当望远镜抬高 α 角度照准目标、竖盘指标管水准气泡居中时，竖盘读数设为 L，则盘左观测的竖直角为

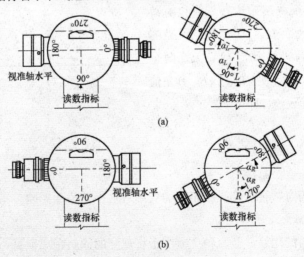

图 4-3 竖直角测量原理

（a）盘左；（b）盘右

$$\alpha_L = 90° - L \qquad (4-5)$$

如图 4-3（b）所示，纵转望远镜于盘右位置，当视准轴水平、竖盘指标管水准气泡居中时，竖盘读数为 270°；当望远镜抬高 α 角度照准目标、竖盘指标管水准气泡居中时，竖盘读数设为 R，则盘右观测的竖直角为

$$\alpha_R = R - 270° \qquad (4-6)$$

二、角度测量仪器

1. 光学经纬仪的构造

光学经纬仪大都采用玻璃度盘和光学测微装置，它有读数精度高、体积小、重量轻、使用方便和封闭性能好等优点。经纬仪的代号为"DJ"，意为大地测量经纬仪。按其测量精度分为 J2、J6、J15、J60 等型号。角标 2、6、15、60 为经纬仪观测水平角方向时测量某一测回方向中误差不大于的数值，称为经纬仪测量精度，如 J6 级经纬仪简称为 6″级经纬仪。

测微器的最小分划值称经纬仪的读数精度，有直读 0.5″、1″、6″、20″、30″等多种。施工测量常用的是 J6 级经纬仪，图 4-4 是 DJ6 型经纬仪的外形图。主要由照准部、水平度盘、基座三部分组成，如图 4-5 所示。

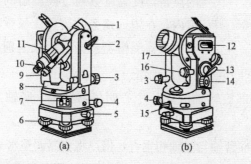

图 4-4 DJ6 型经纬仪外形

1—望远镜物镜；2—望远镜制动螺旋；3—望远镜微动螺旋；4—水平微动螺旋；5—轴座连接螺旋；

6—脚螺旋；7—复测器扳手；8—照准部水准器；9—读数显微镜；10—望远镜目镜；

11—物镜对光螺旋；12—竖盘指标水准管；13—反光镜；14—测微轮；15—水平制动螺旋；

16—竖盘指标水准管微动螺旋；17—竖盘外壳

（1）照准部：主要包括望远镜、读数装置、竖直度盘、水准管和竖轴。

1）望远镜。望远镜的构造和水准仪望远镜构造基本相同，是照准目标用的。

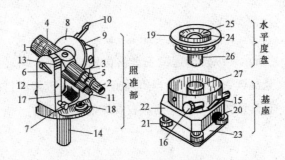

图4-5　经纬仪组成部件

1—望远镜物镜；2—望远镜目镜；3—望远镜调焦环；4—准星；5—照门；6—望远镜固定扳手；

7—望远镜微动螺旋；8—竖直度盘；9—竖盘指标水准管；10—竖盘水准管反光镜；

11—读数显微镜目镜；12—支架；13—横轴；14—竖直轴；15—照准部制动螺旋；

16—照准部微动螺旋；17—水准管；18—圆水准器；19—水平度盘；20—轴套固定螺旋；21—脚螺旋；

22—基座；23—三角形底板；24—度盘插座；25—度盘轴套；26—外轴；27—度盘旋转轴套

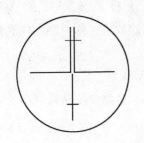

图4-6　望远镜十字丝刻画板

不同的是它能绕横轴转动横扫一个竖直面，可以测量不同高度的点。十字丝刻画板如图4-6所示，瞄准目标时应将目标夹在两线中间或用单线照准目标中心。

2）测微器。测微器是在度盘上精确地读取读数的设备，度盘读数通过棱镜组的反射，成像在读数窗内，在望远镜旁的读数从显微镜中读出。不同类型的仪器测微器刻画有很大区别，施测前一定要熟练掌握其读数方法，以免工作中出现错误。

3）竖轴。照准部旋转轴的几何中心叫仪器竖轴，竖轴与水平度盘中心相重合。

4）水准管。水准管轴与竖轴相垂直，借以将仪器调整水平。

（2）水平度盘。水平度盘是一个由玻璃制成的环形精密度盘，盘上按顺时针方向刻有从0°～360°的刻画，用来测量水平角。度盘和照准部的离合关系由装置在照准部上的复测器扳手来控制。度盘绕竖轴旋转。操作程序是：扳上复测器，度盘与照准部脱离，此时转动望远镜，度盘数值变化；扳下复测器，度盘和照准部结合，转动望远镜，度盘数值不变。注意工作中不要弄错。

（3）基座。基座是支撑照准部的底座。将三脚架头上的连接螺栓拧进基座连接板内，仪器就和三脚架连在一起。连接螺栓上的线坠钩是水平度盘的中心，借助线坠可将水平度盘的中心安置在所测角角顶的铅垂线上。有的经纬仪装有光学对中器（见图 4 - 7），与线坠相比，它有精度高和不受风吹干扰的优点。

仪器旋转轴插在基座内，靠固定螺钉连接。该螺钉切不可松动，以防因照准部与基座脱离而摔坏仪器。

（4）光路系统。图 4 - 8 中，光线由反镜 1 进入，经玻璃窗 2、照明棱镜 3 转折 180°后，再经竖盘 4 后带着竖盘分划线的影像，通过竖盘照准棱镜 5 和显微物镜 6，使竖盘分划线成像在水平度盘 7 分划线的平面上。竖盘和水平度盘分划线的影像经

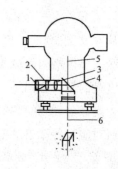

图 4 - 7　光学对中器光路图

1—目镜；2—刻画板；3—物镜；

4—反光棱镜；5—竖轴轴线；

6—光学垂线

场镜 8、照准棱镜 9 由底部转折 180°向上，通过水平度盘显微物镜 10、平行玻璃板 11、转向棱镜 12 和测微尺 13，使水平度盘分划、竖盘度盘分划以及测微尺同时成像在读数窗 14 上，再经转向棱镜 15 转折 90°，进入读数显微镜 16，在读数显微镜中读数 17。平板玻璃与测微尺连在一起，由测微轮操纵绕同一轴转动，由于平板玻璃的转动（光折射），度盘影像也在移动，移动值的大小，即为测微尺上的读数。

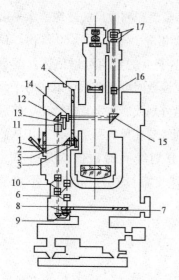

图 4 - 8　DJ6 型经纬仪光路示意图

有的经纬仪没有复测扳手，而是装置了水平度盘变换手轮来代替扳手，这种仪器转动照准部时，水平度盘不随之转动。如要改变度盘读数，可以转动水平度盘变换手轮。例如，要求望远镜瞄准 P 点后水平度盘的读数为 0°00′00″，操作时先转动测微轮，使测微尺读数为 00′00″，然后瞄准 P 点，再转动度盘变换手轮，使度盘读数为 0°，此时瞄准 P 点后的读数即为 0°00′00″。

2. 光学经纬仪的读数方法

（1）测微轮式光学经纬仪的读数方法。图 4 - 9 是从读数显微镜内看到的影像，上部是测微尺（水平角和竖直角共用），中间是竖直度盘，下部是水平度盘。度盘从 0°～360°，每度分两格，每格 30′，测微尺从

$0'\sim30'$，每分又分三格，每格 $20''$（不足 $20''$ 的小数可估读）。转动测微轮，当测微尺从 $0'$ 移到 $30'$ 时，度盘的像恰好移动一格（$30'$）。位于度盘像格内的双线及位于测微尺像格内的单线均称指标线。望远镜照准目标时，指标双线不一定恰好夹住度盘的某一分划线，读数时应转动测微轮使一条度盘分划线精确地平分指标双线，则该分划线的数值即为读数的整数部分。不足 $30'$ 的小数再从测微尺上指标线所对应位置读出。度盘读数加上测微尺读数即为全部读数。图 4-9（a）是水平度盘读数 $47°30' + 17'30'' = 47°47'30''$。图 4-9（b）是竖盘读数 $108° + 06'40'' = 108°06'40''$。

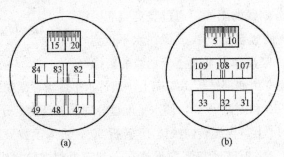

图 4-9　测微轮式读数窗影像

（2）测微尺式光学经纬仪读数方法。图 4-10 是从读数显微镜内看到的读数影像，上格是水平度盘和测微尺的影像，下格是竖盘和测微尺的影像。水平度盘和竖盘上一度的间隔，经放大后与测微尺的全尺相等。测微尺分 60 等份，最小分划值为 $1'$，小于 $1'$ 的数值可以估读。度盘分划线为指标线。读数时度盘度数可以从居于测微尺范围内的度盘分划线所注字直接读出，然后仔细看准度盘分划线落在尺的哪个小格上，从测微尺的零至度盘分划线间的数值就是分数。图 4-10 中上格水平度盘读数为 $47°53'$，下格竖盘读数为 $81°5'24''$。

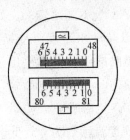

图 4-10　测微尺式读数窗影像

三、经纬仪安置与瞄准

1. 经纬仪的安置

经纬仪的安置包括对中和整平，其目的是使仪器竖轴位于过测站点的铅垂线上，水平度盘和横轴处于水平位置，竖盘位于铅垂面内。对中的方式有垂球对中和光学对中两种，整平分粗平和精平。

粗平是通过伸缩脚架腿或旋转脚螺旋使圆水准气泡居中，其规律是圆水准气泡向伸高脚架腿的一侧移动，或圆水准气泡移动方向与用左手大拇指或右手食指旋转脚螺旋的方向一致；精平是通过旋转脚螺旋使管水准气泡居中，要求将管水准器轴分别旋至相互垂直的两个方向上使气泡居中，其中一个方向应与任意两个脚螺旋中心连线方向平行。如图4-11所示，旋转照准部至图4-11（a）的位置，旋转脚螺旋1或2使管水准气泡居中；然后旋转照准部至图4-11（b）的位置，旋转脚螺旋3使管水准气泡居中，最后还要将照准部旋回至图4-11（a）的位置，查看管水准气泡的偏离情况，如果仍然居中，则精平操作完成，否则还需按前面的步骤再操作一次。

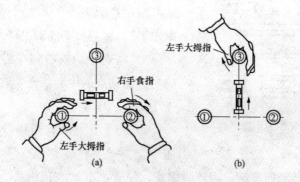

图4-11　照准部管水准器整平方法
（a）旋转脚螺旋1或2使管水准气泡居中；（b）旋转脚螺旋3使管水准气泡居中

经纬仪安置的操作步骤是：打开三脚架腿，调整好其长度使脚架高度适合于观测者的高度，张开三脚架，将其安置在测站上，使架头大致水平。从仪器箱中取出经纬仪放置在三脚架头上，并使仪器基座中心基本对齐三脚架头的中心，旋紧连接螺旋后，即可进行对中整平操作。

使用垂球对中和光学对中器对中的操作步骤是不同的，分别介绍如下。

（1）使用垂球对中法安置经纬仪。将垂球悬挂于连接螺旋中心的挂钩上，调整垂球线长度使垂球尖略高于测站点。

1）粗对中与粗平：平移三脚架（应注意保持三脚架头面基本水平），使垂球尖大致对准测站点标志，将三脚架的脚尖踩入土中。

2）精对中：稍微旋松连接螺旋，双手扶住仪器基座，在架头上移动仪器，使垂球尖准确对准测站标志点后，再旋紧连接螺旋。垂球对中的误差应小于 3mm。

3）精平：旋转脚螺旋使圆水准气泡居中，转动照准部，旋转脚螺旋，使管水准气泡在相互垂直的两个方向上居中。旋转脚螺旋精平仪器时，不会破坏前已完成的垂球对中关系。

（2）使用光学对中法安置经纬仪。光学对中器也是一个小望远镜，如图 4-12 所示。它由保护玻璃 1、反光棱镜 2、物镜 3、物镜调焦镜 4、对中标志分划板 5 和目镜 6 组成。使用光学对中器之前，应先旋转目镜调焦螺旋使对中标志分划板十分清晰，再旋转物镜调焦螺旋（有些仪器是拉伸光学对中器）看清地面的测点标志。

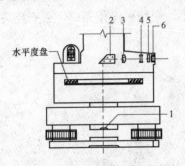

图 4-12 光学对中器光路

1）粗对中。双手握紧三脚架，眼睛观察光学对中器，移动三脚架使对中标志基本对准测站点的中心（应注意保持三脚架头基本水平），将三脚架的脚尖踩入土中。

2）精对中。旋转脚螺旋使对中标志准确对准测站点的中心，光学对中的误差应小于 1mm。

3）粗平。伸缩脚架腿，使圆水准气泡居中。

4）精平。转动照准部，旋转脚螺旋，使管水准气泡在相互垂直的两个方向上居中。精平操作会略微破坏前面已完成的对中关系。

5）再次精对中。旋松连接螺旋，眼睛观察光学对中器，平移仪器基座（注意，不要有旋转运动），使对中标志准确对准测站点标志，拧紧连接螺旋。旋转照准部，在相互垂直的两个方向检查照准部管水准气泡的居中情况。如果仍然居中，则仪器安置完成，否则应从上述的精平开始重复操作。

光学对中的精度比垂球对中的精度高，在风力较大的情况下，垂球对中的误差将变得很大，这时应使用光学对中法安置仪器。

2. 瞄准和读数

测角时的照准标志，一般是竖立于测点的标杆、测钎、用三根竹竿悬吊垂球的线或觇牌，如图 4-13 所示。测量水平角时，以望远镜的十字丝竖丝瞄准照准标志。望远镜瞄准目标的操作步骤如下。

（1）目镜对光。松开望远镜制动螺旋和水平制动螺旋，将望远镜对向明亮的背景（如白墙、天空等，注意不要对向太阳），转动目镜使十字丝清晰。

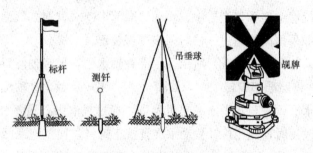

图 4 - 13　照准标志

（2）粗瞄目标。用望远镜上的粗瞄器瞄准目标，旋紧制动螺旋，转动物镜调焦螺旋使目标清晰，旋转水平微动螺旋和望远镜微动螺旋，精确瞄准目标。可用十字丝纵丝的单线平分目标，也可用双线夹住目标，如图 4 - 14 所示。

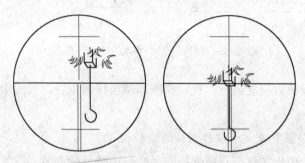

图 4 - 14　水平角测量瞄准照准标志的方法

（3）读数。读数时先打开度盘照明反光镜，调整反光镜的开度和方向，使读数窗亮度适中，旋转读数显微镜的目镜使刻画线清晰，然后读数。

四、经纬仪的检验与校正

前已述及，经纬仪在使用之前要经过检验，必要时需对其可调部件加以校正，使之满足要求。经纬仪的检验、校正项目很多，现只介绍几项主要轴线间几何关系的检校，即照准部水准管轴垂直于仪器的竖轴（$LL \perp VV$）；横轴垂直于视准轴（$HH \perp CC$），横轴垂直于竖轴（$HH \perp VV$），以及十字丝竖丝垂直于横轴的检校。另外，由于经纬仪要观测竖角，竖盘指标差的检验和校正也在此作一介绍。

1. 照准部水准管轴应垂直于仪器竖轴的检验和校正

（1）检验。将仪器大致整平。转动照准部使水准管平行于一对脚螺旋的连线，调节脚螺旋使水准管气泡居中。转动照准部180°，此时如气泡仍然居中则说明条件满足，如果偏离量超过一格，则应进行校正。

（2）校正。如图4-15（a）所示，水准管轴水平，但竖轴倾斜，设其与铅垂线的夹角为α。将照准部旋转180°，如图4-15（b）所示，竖轴位置不变，但气泡不再居中，水准管轴与水平面的交角为2α，通过气泡中心偏离水准管零点的格数表现出来。改正时，先用拨针拨动水准管校正螺钉，使气泡退回偏离量的一半（等于α），如图4-15（c）所示，此时几何关系即得满足。再用脚螺旋调节水准管气泡居中，如图4-15（d）所示，这时水准管轴水平，竖轴竖直。

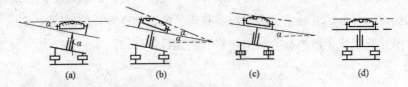

(a)　　　　　　(b)　　　　　　(c)　　　　　　(d)

图4-15　照准部管水准器的检验与校正

此项检验校正需反复进行，直到照准部转至任何位置，气泡中心偏离零点均不超过一格为止。

2. 十字丝竖丝应垂直于仪器横轴的检验校正

（1）检验。用十字丝交点精确照准远处一清晰目标点A。旋紧水平制动螺旋与望远镜制动螺旋，慢慢转动望远镜微动螺旋，如点A不离开竖丝，则条件满足［见图4-16（a）］，否则需要校正［见图4-16（b）］。

（2）校正。旋下目镜分划板护盖，松开4个压环螺钉（见图4-17），慢慢转动十字丝分划板座，然后再做检验，待条件满足后再拧紧压环螺钉，旋上护盖。

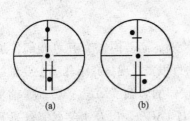

(a)　　　　　　(b)

图4-16　十字丝竖丝的检验

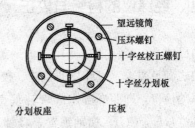

望远镜筒
压环螺钉
十字丝校正螺钉
十字丝分划板
分划板座　　压板

图4-17　十字丝竖丝的校正

3. 视准轴应垂直于横轴的检验和校正

（1）检验。检验DJ6级经纬仪，常用四分之一法。选择一平坦场地，如图4-18所示。A、B两点相距60～100m，安置仪器于中点O，在A点立一标志，

在 B 点横置一根刻有毫米分划的小尺，使尺子与 OB 垂直。标志、小尺应大致与仪器同高。盘左瞄准 A 点，纵转望远镜在 B 点尺上读数 B_1［见图 4 - 18 (a)］。盘右再瞄准 A 点，纵转望远镜，又在小尺上读数 B_2［见图 4 - 18 (b)］。若 B_1 与 B_2 重合，则条件满足。如不重合，由图可见，$\angle B_1 O B_2 = 4C$ ［$\alpha = 0$，$C =$ (C)］，由此算得

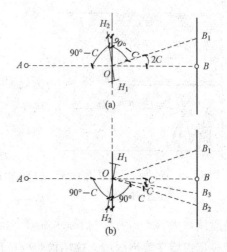

$$C'' = \frac{\overline{B_1 B_2}}{4D} \cdot \rho'' \qquad (4 - 7)$$

式中 D——O 点至小尺的水平距离。若 $C'' > 60''$，则必须校正。

图 4 - 18 视准轴应垂直于横轴的检验和校正
(a) 盘左；(b) 盘右

(2) 校正。在尺上定出一点 B_3，使 $\overline{B_2 B_3} = \frac{1}{4} \overline{B_1 B_2}$，$OB_3$ 便和横轴垂直。用拨针拨动图 4 - 17 中左右两个十字丝校正螺旋，一松一紧，左右移动十字丝分划板，直至十字丝交点与 B_3 影像重合。这项检校也需反复进行。

4. 横轴与竖轴垂直的检验和校正

(1) 检验。在距一高目标约 50m 处安置仪器，如图 4 - 19 所示。盘左瞄准高处一点 P，然后将望远镜放平，由十字丝交点在墙上定出一点 P_1。盘右再瞄准 P 点，再放平望远镜，在墙上又定出一点 P_2（P_1、P_2 应在同一水平线上，且与横轴平行），则 i 角可依下式计算

$$i'' = \frac{\overline{P_1 P_2}}{2} \cdot \frac{\rho''}{D} \cot\alpha \qquad (4 - 8)$$

式中 α——P 点之竖直角；

D——仪器至 P 点的水平距离。

由图 4 - 19 可以得出：

$$2(i) = \overline{P_1 P_2}/D$$

$$(i)'' = i'' \tan\alpha$$

$$i'' = (i)'' \cot\alpha = \frac{\overline{P_1 P_2}}{2} \cdot \frac{\rho''}{D} \cot\alpha$$

对 DJ6 级经纬仪，i 角不超过 $20''$ 可不校正。

(2) 校正。此项校正应打开支架护盖，调整偏心轴承环。如需校正，一般应

图 4-19　视准轴应垂直于横轴
的检验和校正

交专业维修人员处理。

5. 竖盘指标差的检验和校正

（1）检验。安置仪器，用盘左、盘右两个镜位观测同一目标点，分别使竖盘指标水准管气泡居中，读取竖盘读数 L 和 R，用式（4-3）计算指标差 x。如 x 超出 $\pm 1'$ 的范围，则需改正。

（2）校正。经纬仪位置不动（此时为盘右，且照准目标点），不含指标差的盘右读数应为 $R-x$。转动竖直度盘指标水准管微动螺旋，使竖盘读数为 $R-x$，这时指标水准管气泡必然不再居中，可用拨针拨动指标水准管校正螺旋使气泡居中。这项检验校正也需反复进行。

6. 光学对中器的检验校正

常用的光学对中器有两种：一种装在仪器的照准部上，另一种装在仪器的三角基座上。无论哪一种，都要求其视准轴与经纬仪的竖直轴重合。

（1）装在照准部上的光学对中器。

1）检验方法。安置经纬仪于三脚架上，将仪器大致整平（不要求严格整平）。在仪器下方地面上放一块画有"十"字的硬纸板。移动纸板，使对中器的刻画圈中心对准"十"字影像，然后转动照准部 180°。如刻画圈中心不对准"十"字中心，则需进行校正。

2）校正方法。找出"十"字中心与刻画圈中心的中点 P。松开两支架间圆形护盖上的两颗螺钉，取下护盖，可见转像棱镜座如图 4-20 所示。调节螺钉 2 可使刻画圈中心前后移动，调节螺钉 1 可使刻画圈中心左右移动。直至刻画圈中心与 P 点重合为止。

（2）三角基座上的光学对中器。

1）检验方法。先校水准器。沿基座的边缘，用铅笔把基座轮廓画在三脚架顶部的平面上。然后在地面放

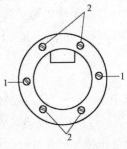

图 4-20　光学对中器校正

一张毫米纸，从光学对中器视场里标出刻画圈中心在毫米纸上的位置；稍松连接螺旋，转动基座 120° 后固定。每次需把基座底板放在所画的轮廓线里并整平，分别标出刻画圈中心在毫米纸上的位置，若三点不重合，则找出示误三角形的中心以便改正。

2）校正方法。用拨针或螺钉刀转动光学对中器的调整螺钉，使其刻画圈中

心对准示误三角形中心点。

图 4-21 为 T2 经纬仪的光学对中器外观图。用拨针将光学对中器目镜后的三个校正正螺钉（图中只见两个，另一个在镜筒下方）都略为松开，根据需要调整，使刻画圈中心与示误三角形中心一致。

图 4-21　光学对中器校正

五、水平角的测量方法

常用水平角观测方法有测回法和方向观测法。

1. 测回法

测回法用于观测两个方向之间的单角。如图 4-22 所示，要测量 BA、BC 两方向间的水平角 β，在 B 点安置好经纬仪后，观测 $\angle ABC$ 一测回的操作步骤如下。

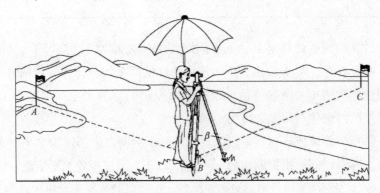

图 4-22　测回法观测水平角

（1）盘左（竖盘在望远镜的左边，也称正镜）瞄准目标点 A，旋开水平度盘变换锁止螺旋，将水平度盘读数配置在 $0°$ 左右。检查瞄准情况后读取水平度盘读数为 $0°06'24''$，计入表 4-1 的相应栏内。

A 点方向称为零方向。由于水平度盘是顺时针注记，因此选取零方向时，一般应使另一个观测方向的水平度盘读数大于零方向的读数。

（2）旋转照准部，瞄准目标点 C，读取水平度盘读数为 $111°46'18''$，计入表 4-1 的相应栏内。计算正镜观测的角度值为 $111°46'18'' - 0°06'24'' = 111°39'54''$，称为上半测回角值。

（3）纵转望远镜至盘右位置（竖盘在望远镜的右边，也称倒镜），旋转照准部，瞄准目标点 C，读取水平度盘读数为 $291°46'36''$，计入表 4-1 的相应栏内。

（4）旋转照准部瞄准目标点 A，读取水平度盘读数为 $180°06'48''$，计入表 4-1 的相应栏内。计算倒镜观测的角度值为 $291°46'36''-180°06'48''=111°39'48''$，称为下半测回角值。

表 4-1　　　　　　　　水平角读数观测记录（测回法）

测站	目标	竖盘位置	水平度盘读数（°′″）	半测回角值（°′″）	一测回平均角值（°′″）	各测回平均值（°′″）
一测回 B	A	左	00 624	1 113 954	1 113 951	1 113 952
	C		114 618			
	A	右	1 800 648	1 113 948		
	C		2 914 636			
二测回 B	A	左	900 618	1 113 948	1 113 954	
	C		2 014 606			
	A	右	2 700 630	1 114 000		
	C		214 630			

（5）计算检核：计算出上、下半测回角度值之差为 $111°39'54''-111°39'48''=6''$，小于限差值 $±40''$ 时取上、下半测回角度值的平均值作为一测回角度值。

测回法半测回角差的容许值，根据图根控制测量的测角中误差为 $±20''$，一般取中误差的两倍作为限差，即为 $±40''$。

当测角精度要求较高时，一般需要观测几个测回。为了减少水平度盘分划误差的影响，各测回间应根据测回数 n，以 $180°/n$ 为增量配置水平度盘。

表 4-1 为观测两测回，第二测回观测时，A 方向的水平度盘应配置为 $90°$ 左右。如果第二测回的半测回角差符合要求，则取两测回角值的平均值作为最后结果。

2. 方向观测法

当测站上的方向观测数不小于 3 时，一般采用方向观测法。如图 4-23 所示，测站点为 O，观测方向有 A、B、C、D 4 个。在 O 点安置仪器，在 A、B、C、D 4 个目标中选一个标志十分清晰的点作为零方向。以 A 点为零方向时的一测回观测操作步骤如下。

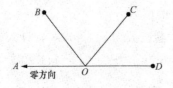

图 4-23　方向观测法观测水平角

（1）上半测回操作。盘左瞄准 A 点的照准标志，将水平度盘读数配置在 $0°$ 左右（称 A 点方向为零方向），检查瞄准情况后读取水平度盘读数并记录。松开制动螺旋，顺时针转动照准部，依次瞄准 B、C、D 点的照准标志进行观测，其观测顺序是 $A \to B \to C \to D \to A$，最后返回到零方向 AD 的操作称为上半测回归零，两次观测零方向 A 的读数之差称为归零差。规范规定，对于 DJ6 经纬仪，归零差不应大于 $18''$。

（2）下半测回操作。纵转望远镜，盘右瞄准 A 点的照准标志，读数并记录，松开制动螺旋，逆时针转动照准部，依次瞄准 D、C、B、A 点的照准标志进行观测，其观测顺序是 $A \to D \to C \to B \to A$，最后返回到零方向 A 的操作称下半测回归零，至此，一测回观测操作完成。如需观测几个测回，各测回零方向应以 $180°/n$ 为增量配置水平度盘读数。

（3）计算步骤。

①计算 $2C$ 值（又称两倍照准差）。理论上，相同方向的盘左、盘右观测值应相差 $180°$，如果不是，其偏差值称 $2C$，计算公式为

$$2C = 盘左读数 - (盘右读数 \pm 180°) \qquad (4\text{-}9)$$

式（4-9）中，盘右读数大于 $180°$ 时，取"—"号，盘右读数小于 $180°$ 时，取"＋"号，计算结果填入表 4-2 的第 6 栏。

②计算方向观测的平均值。计算式为

$$平均读数 = \frac{1}{2}[盘左读数 + (盘右读数 \pm 180°)] \qquad (4\text{-}10)$$

使用式（4-10）计算时，最后的平均读数为换算到盘左读数的平均值，也即盘右读数通过加或减 $180°$ 后，应基本等于盘左读数，计算结果填入第 7 栏。

③计算归零后的方向观测值。先计算零方向两个方向值的平均值（见表 4-2 中括号内的数值），再将各方向值的平均值均减去括号内的零方向值的平均值，计算结果填入第 8 栏。

表 4 - 2　　　　　　　　　方向观测法观测手簿

测站	测回数	目标	读数		$2C=$ [左－(右±180°)]	平均读数＝$\frac{1}{2}$ [左＋(右±180°)]	归零后方向值	各测回归零后方向值的平均值
			盘左	盘右				
			(°′″)	(°′″)	(°′″)	(°′″)	(°′″)	(°′″)
1	2	3	4	5	6	7	8	9
0	1					(00 20 6)		
		A	00 20 6	180 02 00	+6	00 20 3	00 00 00	
		B	51 15 42	231 15 30	+12	51 15 36	51 13 30	
		C	131 54 12	311 54 00	+12	131 54 06	131 52 00	
		D	182 02 24	20 02 24	0	182 02 24	182 00 18	
		A	00 21 2	180 02 06	+6	00 20 9		

测站	测回数	目标	读数		2C=〔左-(右±180°)〕	平均读数=$\frac{1}{2}$〔左+(右±180°)〕	归零后方向值	名测回归零后方向值的平均值
			盘左	盘右				
			(°′″)	(°′″)	(°′″)	(°′″)	(°′″)	(°′″)
0	2	A	900 330	2 700 324	+6	(900 332) 900 327	00 000	00 000
		B	1 411 700	3 211 654	+6	1 411 657	511 325	511 328
		C	2 215 542	415 530	+12	2215536	1 315 204	1 315 202
		D	2 720 400	920 354	+6	2 720 357	1 820 025	1 820 022
		A	900 336	2 700 336	0	900 336		

④计算各测回归零后方向值的平均值。取各测回同一方向归零后方向值的平均值，计算结果填入第9栏。

⑤计算各目标间的水平夹角。根据第9栏的各测回归零后方向值的平均值，可以计算出任意两个方向之间的水平夹角。

3. 方向观测法的限差

方向观测法的限差应符合表4-3的规定。

表4-3   方向观测法的各项限差

经纬仪型号	半测回归零差	一测回内2C互差	同一方向值各测回较差
DJ2	12″	18″	9″
DJ6	18″	—	24″

当照准点的垂直角超过±3°时，该方向的2C较差可按同一观测时间段内的相邻测回进行比较，其差值仍按表4-3的规定。按此方法比较应在手簿中注明。

在表4-2的计算中，两个测回的归零差分别为6″和12″，小于限差要求的18″；B、C、D三个方向值两测回较差分别为5″、4″、7″，小于限差要求的24″。观测结果满足规范的要求。

4. 水平角观测的注意事项

（1）仪器高度应与观测者的身高相适应；三脚架要踩实，仪器与脚架连接应牢固，操作仪器时不要用手扶三脚架；转动照准部和望远镜之前，应先松开制动螺旋，操作各螺旋时，用力要轻。

（2）精确对中，特别是对短边测角，对中要求应更严格。

（3）当观测目标间高低相差较大时，更应注意整平仪器。

（4）照准标志要竖直，尽可能用十字丝交点瞄准标杆或测钎底部。

（5）记录要清楚，应当场计算，发现错误，立即重测。

（6）一测回水平角观测过程中，不得再调整照准部管水准气泡，如气泡偏离中央超过2格时，应重新整平与对中仪器，重新观测。

六、竖直角的测量方法与记录

1. 竖直角测量

竖直角观测应用横丝瞄准目标的特定位置，如标杆的顶部或标尺上的某一位置。竖直角观测的操作步骤如下。

（1）在测站点上安置经纬仪，用小钢尺量出仪器高 i。仪器高是测站点标志顶部到经纬仪横轴中心的垂直距离。

（2）盘左瞄准目标，使十字丝横丝切于目标某一位置，旋转竖盘指标管水准器微动螺旋使竖盘指标管水准气泡居中，读取竖盘读数 L。

（3）盘右瞄准目标，使十字丝横丝切于目标同一位置，旋转竖盘指标管水准器微动螺旋使竖盘指标管水准气泡居中，读取竖盘读数 R。

2. 竖直角测量记录

竖直角的测量记录见表4-4。

表4-4　　　　　　　　　　竖直角观测记录

测站	目标	竖盘位置	竖盘读（°′″）	半测回竖直角（°′″）	指标差（″）	一测回竖直角（°′″）
A	B	左	811 842	+84 118	+6	+84 124
		右	2 784 130	+84 130		
	C	左	1 240 330	−340 330	+12	−340 318
		右	2 355 654	−340 306		

七、角度测量操作要领及注意事项

1. 误差产生原因及注意事项

（1）采用正倒镜法，取其平均值，以消除或减小误差对测角的影响。

（2）对中要准确，偏差不要超过2～3mm，后视边应选在长边，前视边越长，对投点误差越大，而对测量角的精度越高。

（3）三脚架头要支平，采用线坠对中时，架头每倾斜6mm，垂球线约偏离度盘中心1mm。

（4）目标要照准。物镜、目镜要仔细对光，以消除视差。要用十字线交点照准目标。投点时铅笔要与竖丝平行，以十字线交点照准铅笔尖。测点立花杆时，要照准花杆底部。

（5）仪器要安稳，观测过程不能碰动三脚架，强光下要撑伞，观测过程要随时检查水准管气泡是否居中。

（6）操作顺序要正确。使用有复测器的仪器，照准后视目标读数后，应先扳上复测器，后放松水平制动，避免度盘随照准部一起转动，造成错误。在瞄准前视目标过程中，复测器扳上再转动水平微动，测微轮式仪器要对齐指标线后再读数。

（7）仪器不平（横轴不水平），望远镜绕横轴旋转扫出的是一个斜面，竖角越大，误差越大。

（8）测量成果要经过复核，记录要规则，字迹要清楚。

2. 指挥信号

水平角测量过程与水准测量过程的指挥方式基本相同。略有不同的是：在测角、定线、投点过程中，如果目标（铅笔、花杆）需向左移动，观测员要向身侧伸出左手，掌心朝外，做向左摆动之势；若目标需向右移动，观测员要向右伸手，做向右摆动之势。若视距很远要以旗势代替手势。

第五章

建筑施工测量

一、施工前施工控制网的建立

1. 基本要求

在勘测时期已建立有控制网，但是由于它是为测图而建立的，未考虑施工的要求，因此控制点的分布、密度和精度都难以满足施工测量的要求。另外，由于平整场地控制点大多被破坏，因此，在施工之前，建筑场地上要重新建立专门的施工控制网。

（1）施工的控制，可利用原区域内的平面与高程控制网，作为建筑物构筑物定位的依据。当原区域内的控制网不能满足施工测量的技术要求时，应另测设施工的控制网。

（2）施工平面控制网的坐标系统，应与工程设计所采用的坐标系统相同。当原控制网精度不能满足需要时，可选用原控制网中个别点作为施工平面控制网坐标和方位的起算数据。

（3）控制网点应根据总平面图和现场条件等测设，满足现场施工测量要求。

在大中型建筑施工场地上，施工控制网多用正方形或矩形格网组成，称为建筑方格网（或矩形网）。在面积不大且不十分复杂的建筑场地上，常布置一条或几条基线，作为施工测量的平面控制线，称为建筑基线。

2. 建筑方格网

（1）建筑方格网的坐标系统。在设计和施工部门，为了工作上的方便，常采用一种独立坐标系统，称为施工坐标系或建筑坐标系。如图 5-1 所示，施工坐标系的

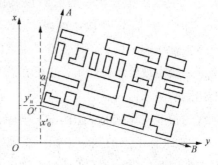

图 5-1　施工坐标系图

纵轴通常用 A 表示，横轴用 B 表示，施工坐标也叫 A、B 坐标。

施工坐标系的 A 轴和 B 轴，应与厂区主要建筑物或主要道路、管线方向平行。坐标原点设在总平面图的西南角，使所有建筑物和构筑物的设计坐标均为正值。施工坐标系与国家测量坐标系之间的关系，可用施工坐标系原点 O' 的测量系坐标 $x'O$、$y'O$ 及 $O'A$ 轴的坐标方位角 α 来确定。在进行施工测量时，上述数据由勘测设计单位给出。

（2）建筑方格网的布置。

1）建筑方格网的布置和主轴线的选择。建筑方格网的布置，应根据建筑设

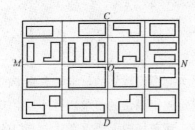

计总平面图上各建筑物、构筑物、道路及各种管线的布设情况，结合现场的地形情况拟定。如图 5-2 所示，布置时应先选定建筑方格网的主轴线 MN 和 CD，然后再布置方格网。方格网的形式可布置成正方形或矩形，当场区面积较大时，常分两级。首级可采用"十"字形、"口"字形或"田"字形，然后再加密方

图 5-2　建筑方格网的布置

格网。当场区面积不大时，尽量布置成全面方格网。

布网时，如图 5-2 所示，方格网的主轴线应布设在厂区的中部，并与主要建筑物的基本轴线平行。方格网的折角应严格成 90°。方格网的边长一般为 100～200m；矩形方格网的边长视建筑物的大小和分布而定，为了便于使用，边长尽可能为 50m 或它的整倍数。方格网的边应保证通视且便于测距和测角，点位标石应能长期保存。

2）确定主点的施工坐标。如图 5-3 所示，MN、CD 为建筑方格网的主轴线，它是建筑方格网扩展的基础。当场区很大时，主轴线很长，一般只测设其中的一段，如图中的 AOB 段，该段上 A、O、B 点是主轴线的定位点，称主点。主点的施工坐标一般由设计单位给出，也可在总平面图上用图解法求得一点的施工坐标后，再按主轴线的长度推算其他主点的施工坐标。

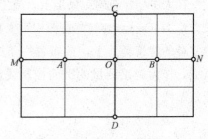

图 5-3　确定主点的施工坐标

3）求算主点的测量坐标。当施工坐标系与国家测量坐标系不一致时在施工方格网测设之前，应把主点的施工坐标换算

为测量坐标，以便求算测设数据。

如图 5-4 所示，设已知 P 点的施工坐标为 A_P 和 B_P，换算为测量坐标时，可按下式计算：

$$\begin{cases} x_P = x'_O + A_P\cos\alpha - B_P\sin\alpha \\ y_P = y'_O + A_P\sin\alpha - B_P\cos\alpha \end{cases} \quad (5\text{-}1)$$

（3）建筑方格网的测设。图 5-5 中的 1、2、3 点是测量控制点，A、O、B 为主轴线的主点。首先将 A、O、B 三点的施工坐标换算成测量坐标，再根据它们的坐标反算出测设数据 D_1、D_2、D_3 和 β_1、β_2、β_3，然后按极坐标法分别测设出 A、O、B 三个主点的概略位置，如图 5-6 所示，以 A'、O'、B' 表示，并用混凝土桩把主点固定下来。混凝土桩顶部常设置一块 10cm×10cm 的铁板，供调整点位使用。受主点

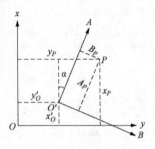

图 5-4　求主点的测量坐标

测设误差的影响，三个主点一般不在一条直线上，因此需在 O' 点上安置经纬仪，精确测量 $\angle A'O'B'$ 的角值 β，β 与 180°之差超过限差时应进行调整，各主点应沿 AOB 的垂线方向移动同一改正值 δ，使三主点成一直线。δ 值可按式（5-3）计算。图 5-6 中，u 和 γ 角均很小，故

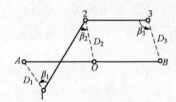

图 5-5　测量控制点

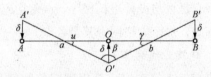

图 5-6　测设出 A、O、B 三个主点位置

$$\begin{cases} u = \dfrac{\delta}{\frac{\alpha}{2}}\rho = \dfrac{2\delta}{a}\rho \\ r = \dfrac{\delta}{\frac{b}{2}}\rho = \dfrac{2\delta}{b}\rho \end{cases} \quad (5\text{-}2)$$

而

$$180° - \beta = u + \gamma = \left(\frac{2\delta}{a} + \frac{2\delta}{b}\right)\rho = 2\delta\left(\frac{a+b}{ab}\right)\rho$$

$$\delta = \frac{ab}{2(a+b)} \frac{1}{\rho}(180° - \beta) \qquad (5-3)$$

移动 $A'O'B'$ 三点之后再测量 $\angle AOB$，如果测得的结果与 $180°$ 之差仍超限，应再进行调整，直到误差在允许范围之内为止。

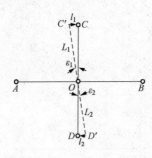

图5-7 测设主轴线 COD

A、O、B 三个主点测设好后，如图 5-7 所示，将经纬仪安置在 O 点，瞄准 A 点，分别向左、向右转 $90°$，测设出另一主轴线 COD，同样用混凝土桩在地上定出其概略位置 $C'D'$，再精确测出 $\angle AOC'$ 和 $\angle AOD'$，分别算出它们与 $90°$ 之差 ε_1 和 ε_2。并计算出改正值 l_1 和 l_2

$$l = L \frac{\varepsilon''}{\rho''} \qquad (5-4)$$

式中 L——OC' 或 OD' 间的距离。

C、D 两点定出后，还应实测改正后的 $\angle COD$，它与 $180°$ 之差应在限差范围内。然后精密丈量出 OA、OB、OC、OD 的距离，在铁板上刻出其点位。

主轴线测设好后，分别在主轴线端点上安置经纬仪，均以 O 点为起始方向，分别向左、向右测设出 $90°$ 角，这样就交会出田字形方格网点。为了进行校核，还要安置经纬仪于方格网点上，测量其角值是否为 $90°$，并测量各相邻点间的距离，看它是否与设计边长相等，误差均应在允许范围之内。此后再以基本方格网点为基础，加密方格网中其余各点。

3. 建筑基线的布置

建筑基线的布置也是根据建筑物的分布、场地的地形和原有控制点的状况而选定的。建筑基线应靠近主要建筑物，并与其轴线平行，以便采用直角坐标法进行测设，通常可布置成如图 5-8 所示的几种形式。为了便于检查建筑基线点有无变动，基线点数不应少于三个。

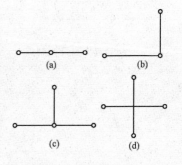

图5-8 建筑基线布置形式

根据建筑物的设计坐标和附近已有的测量控制点，在图上选定建筑基线的位置，求算测设数据，并在地面上测设出来。如图 5-9 所示，根据测量控制点 1、2，用极坐标法分别测设出 A、O、B 三个点。然后把经纬仪安置在 O 点，观测 $\angle AOB$ 是否等于 $90°$，其不符值不应超过 $\pm 24''$。

丈量 *OA*、*OB* 两段距离，分别与设计距离相比较，其不符值不应大于 $1\sqrt{10000}$。否则，应进行必要的点位调整。

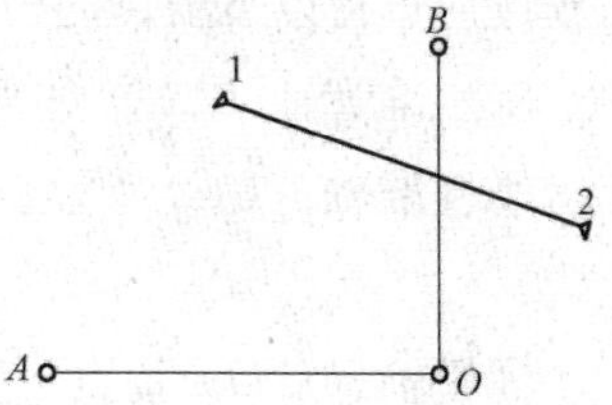

4. 测设工作的高程控制

在建筑场地上，水准点的密度应尽可能满足安置一次仪器即可测设出所需的高程点。而测绘地形

图 5-9 测设 *A*、*O*、*B* 点

图时敷设的水准点往往是不够的，因此，还需增设一些水准点。在一般情况下，建筑方格网点也可兼作高程控制点。只要在方格网点桩面上中心点旁边设置一个突出的半球状标志即可。

在一般情况下，采用四等水准测量方法测定各水准点的高程，而对连续生产的车间或下水管道等，则需采用三等水准测量的方法测定各水准点的高程。

此外，为了测设方便和减少误差，在一般厂房的内部或附近应专门设置±0.000水准点。但需注意设计中各建、构筑物的±0.000 的高程不一定相等，应严格加以区别。

二、建筑施工测量准备工作

1. 施工测量准备工作的内容

施工测量准备工作是保证施工测量全过程顺利进行的基础环节。

(1) 施工测量准备工作的目的。施工测量准备工作的主要目的有以下 4 项。

1) 了解工程总体情况。包括工程规模、设计意图、现场情况及施工安排等。

2) 取得正确的测量起始依据。包括设计图纸的校核，测量依据点位的校测，仪器、钢尺的检定与检校。这项是准备工作的核心，取得正确的测量起始依据是做好施工测量的基础。

3) 制订切实可行又能预控质量的施测方案。根据实际情况与"施工测量规程"要求制定，并向上级报批。

4) 施工场地布置的测设。按施工场地总平面布置图的要求进行场地平整、施工暂设工程的测设等。

(2) 检定与检校仪器、钢尺。

1) 经纬仪。对光学经纬仪与电子经纬仪应按照《光学经纬仪检定规程》(JJG 414)与《全站型电子速测仪检定规程》(JJG 100)的要求按期送检，此外每季度应进行以下项目的检校：

①水准管轴（*LL*）垂直于竖轴（*W*），误差小于 $\tau/4$（τ 是水准管分划值）。

②视准轴（*CC*）垂直于横轴（*IIII*），J6、J2 仪器 2C 应在 ±20″、±16″ 之内。

③横轴（*IIII*）垂直于竖轴（*W*），J6、J2 仪器 *i* 应在 ±20″、±15″ 之内。

④光学对中器。

2）水准仪。应按《水准仪检定规程》（JJG 425—2003）要求按期送检，此外每季度应进行以下项目的检校。

①水准盒轴（$L'L'$）平行于竖轴（*VV*）。

②视准线不水平的检校，S3 仪器 *i* 角误差应在 ±12″ 之内。

3）测距仪与全站仪。应按《光电测距仪检定规程》（JJG 703）与《全站型电子速测仪检定规程》（JJG 100）要求定期送检。

4）钢尺。应按《钢卷尺检定规程》（JJG4）要求按期送检。以上仪器与量具必须送授权计量检测单位检定。

（3）了解设计意图、学习与校核设计图纸。

1）总平面图的校核。

①建设用地红线桩点（界址点）坐标与角度、距离是否对应。

②建筑物定位依据及定位条件是否明确、合理。

③建（构）筑物群的几何关系是否交圈、合理。

④各幢建筑物首层室内地面设计高程、室外设计高程及有关坡度是否对应、合理。

2）建筑施工图的校核。

①建筑物各轴线的间距、夹角及几何关系是否交圈。

②建筑物的平、立、剖面及节点大样图的相关尺寸是否对应。

③各层相对高程与总平面图中有关部分是否对应。

3）结构施工图的校核。

①以轴线图为准，核对基础、非标准层及标准层之间的轴线关系是否一致。

②核对轴线尺寸、层高、结构尺寸（如墙厚、柱断面、梁断面及跨度、楼板厚等）是否合理。

③对照建筑图，核对两者相关部位的轴线、尺寸、高程是否对应。

4）设备（暖通空调、给水排水、电气）施工图的校核。

①对照建筑、结构施工图，核对有关设备的轴线尺寸及高程是否对应。

②核对设备基础、预留孔洞、预埋件位置、尺寸、高程是否与土建图一致。

（4）校核红线桩（定位桩）与水准点。

1）核算总平面图上红线桩的坐标与其边长、夹角是否对应（即红线桩坐标反算）。

①根据红线桩的坐标值，计算各红线边的坐标增量。

②计算红线边长 D 及其方位角 φ。

③根据各边方位角按式（5-5）计算各红线间的左夹角 β_i：

左夹角（β）——前进方向红线边左侧的夹角

左夹角 β_i＝下一边的方位角 φ_{ij}－上一边的方位角 $\varphi_{i-li}\pm180°$ （5-5）

2）校测红线桩边长及左夹角。

①红线桩点数量应不少于三个。

②校测红线桩的允许误差：角度$\pm60''$、边长 1/2500、点位相对于邻近控制点的误差 5cm。

3）校测水准点。

①水准点数量应不少于两个。

②用附合测法校测，允许闭合差为$\pm6mmn$（n 为测站数）。

（5）制订测量放线方案。根据设计要求与施工方案，并遵照《施工测量规程》与《质量体系基础和术语》（GB/T 19000—2008）制订切实可行又能预控质量的施工测量方案。

2. 校核施工图

（1）校核施工图上的定位依据与定位条件。

1）定位依据。建筑物的定位依据必须明确，一般有以下三种情况。

①城市规划部门给定的城市测量平面控制点。多用于大型新建工程（或小区建设工程）。四等三角网与一级小三角最弱边长中误差分别为 1/4.5 万与 1/2 万，四等与一级光电导线全长闭合差分别为 1/4 万与 1/1.4 万。其精度均较高，但使用前要校测，以防用错点位、数据或点位变动。

②城市规划部门给定的建筑红线多用于一般新建工程。红线桩点位中误差与红线边长中误差均为 5cm，故在使用红线桩定位时，应按要求选择好定位依据的红线桩。

③原有永久性建（构）筑物或道路中心线多用于现有建筑群体内的扩、改建工程。这些作为定位依据的建（构）筑物必须是四廊（或中心线）规整的永久性

建（构）筑物，如砖石或混凝土结构的房屋、桥梁、围墙等，而不应是外廓不规整的临时性建（构）筑物，如车棚、篱笆、铁丝网等。在诸多现有建（构）筑物中，应选择主要的、大型的建（构）筑物为依据，在由于定位依据不十分明确的情况下，应请设计单位会同建设单位现场确认，以防后患。

2）定位条件。建筑物定位条件要合理，应是能唯一确定建筑物位置的几何条件。最常用的定位条件是：确定建筑物上的一个主要点的点位和一个主要轴线（或主要边）的方向。这两个条件少一个则不能定位，多一个则会产生矛盾。由于建（构）筑物总平面图要送规划部门审批，图上的定位条件多要满足各方面的要求，如建（构）筑物间距要满足不挡阳光、要满足消防车的通过等，这样就需要请设计单位明确哪些是必须满足的主要定位条件和定位尺寸。

3）定位依据与定位条件有矛盾或有错误的情况处理。

①一般应以主要定位依据、主要定位条件为准，进行图纸审定，以达到定位合理，做到既满足整体规划的要求，又满足工程使用的要求。

②在建筑群体中，各建筑之间的相对关系位置往往是直接影响建筑物使用功能的，如南北建筑物不能相互挡阳，一般建筑物之间应能满足各种地下管线的铺设，地上道路的顺直、通行与防火间距等。这些条件在审图中均应注意。

③当定位依据与定位条件有矛盾时，应及时向设计单位提出，求得合理解决，施工方无权自行处理。

（2）校核建筑物外廓尺寸交圈。校核建筑物四廓边界尺寸是否交圈，可分以下4种情况。

1）矩形图形。主要核算纵向、横向两对边尺寸是否相等，有关轴线关系是否对应，尤其是纵向或横向两端不贯通的轴线关系，更应注意。

2）梯形图形。主要核算梯形斜边与高的比值是否与底角（或顶角）相对应。

3）多边形图形。要分别核算内角和条件与边长条件是否满足。内角和条件：多边形的内角和 $\sum\beta(n-2)180°$（n 为多边形的边数）。边长条件核算方法有以下两种。

①划分三角形法。选择有两个长边的顶点为极，将多边形划分为 $(n-2)$ 个三角形，先从最长边一侧的三角形（已知两边、一夹角）开始，用余弦定理求得第三边后，再用正弦定理求得另外两夹角，然后依据刚求得边长的三角形，依次解算各三角形至另一侧。当最后一个三角形求得的边长及夹角与已知值相等时，则此多边形四廓尺寸交圈。

②投影法。按计算闭合导线的方法，计算多边形各边在两坐标轴上投影的代数和应等于零（$\sum \Delta y = 0.000, \sum \Delta x = 0.000$），以核算其尺寸是否交圈。

4）圆弧形图形。按测设圆曲线的方法核算圆弧形尺寸是否交圈。

（3）审核建筑物±0.000设计高程。主要从以下几方面考虑。

1）建筑物室内地面±0.000的绝对高程，与附近现有建筑物或道路的绝对高程是否对应。

2）在新建区内的建筑物室内地面±0.000的绝对高程，与建筑物所在的原地面高程（可由原地面等高线判断），尤其是场地平整后的设计地面高程（可由设计地面等高线判断）相比较，判断其是否合理。

3）建筑物自身对高程有特殊要求，或与地下管线、地上道路相连接有特殊要求的，应特殊考虑。

3. 校核建筑红线桩和水准点

（1）校核红线桩。建筑红线是城市规划行政主管部门批准并实地测定的建设用地位置的边界线，也是建筑用地与市政用地的分界线，红线（桩）点也叫界址（桩）点。在建筑施工中起建筑物定位的依据与边界线的作用。

1）使用中注意事项。

①使用红线（桩）前，应进行校测，检查桩位是否有误或碰动。

②施工过程中，应保护好桩位。

③沿红线兴建的建（构）筑物放线后，应由市规划部门验线合格后，方可破土。

④新建建筑物不得压红线、超红线。

2）校测红线桩的目的。红线桩是施工中建筑物定位的依据，若用错了桩位或被碰动，将直接影响建筑物定位的正确性，从而影响城市的规划建设。

3）红线桩校测方法。

①当相邻红线桩通视且能量距时，实测各边边长及各点的左角，用实测值与设计值比较，以作校核。

②当相邻红线桩不通视时，则根据附近的城市导线点，用附合导线或闭合导线的形式测定红线桩的坐标值，以作校核。

③当相邻红线桩互不通视，且附近又没有城市导线点时，则根据现场情况，选择一个与两红线桩均通视、可量的点位，组成三角形，测量该夹角与两邻边，然后用余弦定理计算对边（红线）边长，与设计值比较以作校核。

（2）校测水准点。

1）目的。水准点是建筑物高程定位的依据，若点位或数据有误，均可直接影响建筑物高程的正确性，从而影响建筑物的使用功能。校测水准点，即为了取得正确的高程起始依据。

2）测法。对建设单位提供的两个水准点进行附合校测，用实测高差与已知高差比较，以作校核。若建设单位只提供一个水准点（或高程依据点），则必须请其出具确认证明，以保证点位与高程数据的有效性。

三、施工测量放线的基本方法

施工测量放线的基本工作包括水平角、水平距离、高程和坡度的测设。

1. 水平角测设的方法

水平角测设的任务是，根据地面已有的一个已知方向，将设计角度的另一个方向测设到地面上。水平角测设的仪器是经纬仪或全站仪。

（1）正倒镜分中法。

如图5-10（a）所示，设地面上已有 AB 方向，要在 A 点以 AB 为起始方向，向右测设出设计的水平角 β。将经纬仪安置在 A 点后的操作步骤如下。

1）盘左瞄准 B 点，读取水平度盘读数为 L_B；松开水平制动螺旋，顺时针旋转照准部，当水平度盘读数约为 $L_B+\beta$ 时，制动照准部，旋转水平微动螺旋，使水平度盘读数准确地对准 $L_B+\beta$，在视线方向定出 C' 点。

2）倒转望远镜为盘右位置，用与上述同样的操作方法在视线方向定出点 C''，取 C'、C'' 的中点 C，则 $\angle BAC$ 即为要测设的 β 角。

（2）多测回修正法。仍以图5-10的角度测设为例介绍。

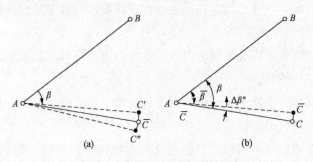

图5-10 水平角的测设方法

(a) 正倒镜分中法；(b) 多测回修正法

先用正倒镜分中法测设出 C 点，再用测回法观测 $\angle BAC$ 2～3 测回，设角度观测的平均值为 $\bar{\beta}$，则其与设计角值 β 的差为 $\Delta\beta'=\bar{\beta}-\beta$（以秒为单位），如果 A 点至 C 点的水平距离为 D，则 C 点偏离正确点位 C 的弦长约为

$$C\bar{C}\approx D\frac{\Delta\beta'}{\rho''} \qquad (5-6)$$

式中　$\rho''=206\ 265$。

如图 5-10（b）所示，假设求得 $\Delta\beta'=-12''$，$D=123.456\text{m}$，则 $C\bar{C}=7.2\text{mm}$。$\Delta\beta'=-12''<0$，说明测设的 $\bar{\beta}$ 角比设计角 β 小。使用小三角板，从 $\bar{C}$ 点沿垂直于 $\overline{AC}$ 方向向背离 B 的方向量 7.2mm，定出 C 点。

2. 水平距离测设的方法

水平距离测设的任务是，将设计距离测设在上述已测设的方向上。水平距离测设的工具和仪器是钢尺、测距仪或全站仪。

（1）钢尺法。钢尺法一般只宜用于测设长度小于一个整尺段的水平距离，根据量距精度的要求常选择一般量距法。

（2）测距仪法。如图 5-11 所示，需要在倾斜坡面上测设一段水平距离 D。在 A 点安置测距仪，在 AC 方向测设距离 D'，应使距离 D' 加气象改正与倾斜改正后的距离等于设计水平距离 D。

（3）全站仪法。使用全站仪放样功能可以同时测设点的三维坐标 x、y、H。

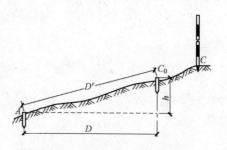

图 5-11　水平距离的测设方法

3. 高程测设的方法

高程测设的任务是，将设计高程测设在指定桩位上。高程测设主要在平整场地、开挖基坑、定路线坡度和定桥台桥墩的设计标高等场合使用。高程测设的方法有水准测量法和全站仪三角高程测量法，水准测量法一般采用视线高程法进行。

如图 5-12 所示，已知水准点 A 的高程为 $H_A=12.345\text{m}$，欲在 B 点测设出某建筑物的室内地坪高程（建筑物的 ±0.000）为 $H_B=13.016\text{m}$。将水准仪安置在 A、B 两点的中间位置，在 A 点竖立水准尺，读取 A 尺上的读数设为 $a=1.358\text{m}$，则水准仪的视线

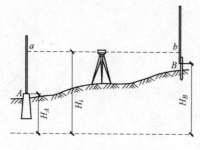

图 5-12　视线高程法测设高程

高程应为

$$H_i = H_A + a = 12.345 + 1.358 = 13.703(\mathrm{m})$$

在 B 点竖立水准尺，设水准仪瞄准 B 尺的读数为 b，则 b 应满足方程 $H_B = H_i - b$，由此求出 b 为

$$b = H_i - H_B = 13.703 - 13.016 = 0.687(\mathrm{m})$$

用逐渐打入木桩或在木桩一侧画线的方法，使立在 B 点桩位上的水准尺读数为 0.687m。此时，B 点的高程就等于欲测设的高程 13.016m。

在建筑设计图纸中，建筑物各构件的高程都是参照室内地坪为零高程面标注的，也即建筑物内的高程系统是相对高程系统，基准面为室内地坪标高。

当欲测设的高程与水准点之间的高差很大时，可以用悬挂钢尺来代替水准尺进行测设。如图 5-13 所示，水准点 A 的高程已知，为了在深基坑内测设出设计高程 H_B，在深基坑一侧悬挂钢尺（尺的零端在下端，挂一个重量约等于钢尺检定时拉力的重锤）代替一根水准尺。在地面上的图示位置安置水准仪，读出 A 点水准尺上的读数为 a_1，钢尺上的读数为 b_1；将水准仪移至基坑内安置在图示位置，读出钢尺上的读数为 a_2，假设 B 点水准尺上的读数为 b_2，则应有下列方程成立

$$H_B - H_A = h_{AB} = (a_1 - b_1) + (a_2 - b_2) \tag{5-7}$$

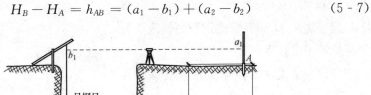
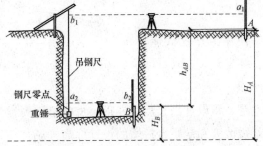

图 5-13　测设深基坑内的高程

由此解出 b_2 为

$$b_2 = a_2 + (a_1 - b_1) - h_{AB} \tag{5-8}$$

用逐渐打入木桩或在木桩一侧画线的方法，使立在 B 点桩位上的水准尺读数等于 b_2。此时，B 点的高程就等于欲测设的高程 H_B。

四、坡度测设的方法

在修筑道路，敷设上、下水管道和开挖排水沟等工程的施工中，需要在地面上测设设计的坡度线。坡度测设所用仪器有水准仪、经纬仪与全站仪。

如图 5-14 所示，设地面上 A 点的高程为 H_A，现要从 A 点沿 AB 方向测设出一条坡度为 i 的直线，AB 间的水平距离为 D。使用水准仪测设的方法如下。

（1）计算出 B 点的设计高程为 H_B $=H_A-i_D$，应用水平距离和高程测设方法测设出 B 点。

（2）在 A 点安置水准仪，使一个脚螺旋在 AB 方向线上，另两个脚螺旋的连线垂直于 AB 方向线，量取水准仪高 i_A，用望远镜瞄准 B 点上的水准尺，旋转 AB 方向上的脚螺旋，使视线倾斜至水准尺读数为仪器高 i_A 为止，此时，

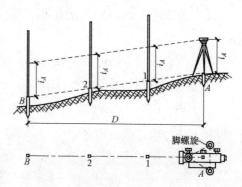

图 5-14　使用水准仪测设坡度

仪器视线坡度即为 i。在中间点 1、2 处打木桩，在桩顶上立水准尺使其读数均等于仪器高 i_A，这样各桩顶的连线就是测设在地面上的设计坡度线。

当设计坡度 i 较大，超出了水准仪脚螺旋的最大调节范围时，应使用经纬仪进行测设，方法同上。当使用电子经纬仪或全站仪测设时，可以将其竖盘显示单位切换为坡度单位，直接将望远镜视线的坡度值调整到设计坡度值 i 即可，不需要先测设出 B 点的平面位置和高程。

五、场地平整施工测量

场地平整的目的是将高低不平的建筑场地平整为一个水平面（特殊情况时平整为倾斜面）。其中，测量工作的主要任务是为挖、填土方的平衡而做相应的施工标志，并且计算出挖（填）土方量。

1. 土方方格网的测设及挖（填）土方量计算

土方方格网不同于前面所讲的施工方格网。施工方格网用来控制建筑物的位置，其方格网点具有坐标值，所以要根据控制点的坐标来测设。而土方方格网仅仅用来测算土方量，其方格网点并不带坐标值，所以无须根据控制点的坐标来测

设，而只把要平整的场地用纵横相交的网点连线分成面积相等的若干个小方格就行了，并且测设精度要求较低，其点位误差允许值为±30cm，标高误差允许值为±2cm，平整范围定线误差为±20cm。当然，若把施工方格网加密，则施工方格网也可作为土方方格网来测算土方量。

土方方格网可用经纬仪或钢尺、皮尺在平整场地上任何方向测设，每个小方格的边长依场地大小、地面起伏状况和精度要求而定，一般为10~40m，通常采用20m。每个格网点要用木桩标定并按顺序编号。

土方方格网有满边网与退格网之分，其测设方法也有所不同，现分别介绍如下。

（1）满边土方方格网的测设方法及挖（填）土方量计算。

1）测设方法。如图5-15所示，A、B、C、D为一块平整场地的4个边界点，1、5、21、25为在该场地上布设的方格网的4个角点。像这种在平整场地的边界上就开始设网点的方格网叫满边方格网，其测设步骤要点如下。

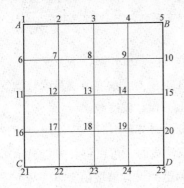

图5-15 满边方格网

①在任一角点A安置经纬仪，后视另一角点B，转90°水平角而定出C点。把AB间隔均匀地分成若干等份，用钢尺量距定点（或用测距仪测边定点），以下类同。把AC间隔均匀地分成若干等份（不一定与AB边各等份的距离相同），用钢尺量距定点。

②在C点安置经纬仪，后视A点，转90°水平角，按AB边上边长的分法定出D点，把BD按AC边上的分法分成若干等份，用钢尺量距定点。这样，方格网4个周边及其周边上各点就测设出来了。若闭合边BD在允许值内，则可进行中间各网点的测设。

③在周边各网点上用经纬仪转直角定线，用钢尺量距来定出中间各网点的位置，并用木桩标定之。这样，满边方格网就测设完毕。

2）测定各网点的地面高程。根据场地附近水准点，用水准仪按水准测量的方法测定各网点的地面标高。若场地附近没有水准点，则可认定一个固定点（并假设其高程值）作后视点，测出各点的相对高程。因为测定各网点标高的目的只是要找出各网点之间的高差、确定各网点的平均高度和计算施工高度，进而算出挖（填）土方量，所以，用假定后视点高程的方法是完全可以的。

3）计算各网点的平均高程值。在图5-16中，各方格网点处上面的数字为所测得的各方格网点的地面标高。从这些数字中可以看出，各方格网点的地面高程不尽一致，最高点和最低点的高差达一米多。如果要从高到低地把这块场地整平，就必然存在一个不挖不填的高度。这个高度就是各方格网点的平均高度。高于平均高度的地方就要挖，低于平均高度的地方就要填，高多少就挖多少，低多少就填多少，这样，挖填将自然平衡（即挖方量等于填方量）。因此，要想计算挖（填）土方量，必须首先计算出各方格网点的平均高程值。

$H_{平均}$=51.57				
51.24	51.08	51.18	51.31	51.47
−0.33	−0.49	−0.39	−0.26	−0.10
51.41	51.21	51.29	51.38	51.61
−0.16	−0.36	−0.28	−0.19	+0.04
51.85	51.53	51.26	51.68	51.85
+0.28	−0.04	−0.31	+0.11	+0.28
52.00	51.64	51.39	51.77	52.06
+0.43	+0.07	+0.18	+0.20	+0.49
52.10	51.94	51.96	52.12	52.42
+0.53	+0.37	+0.39	+0.55	+0.86

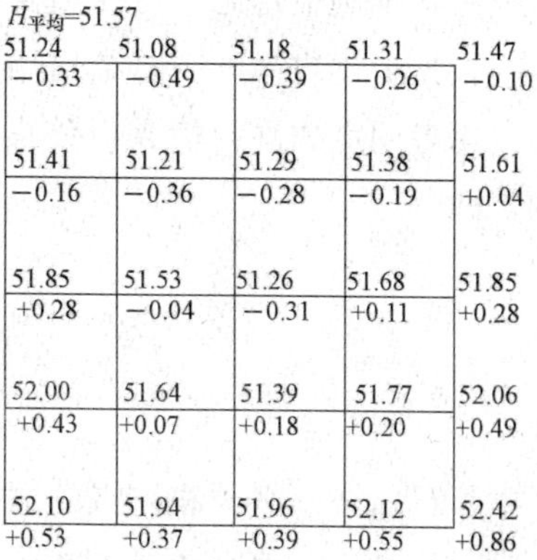

图 5-16　各网点的地面高程

①用算术平均法计算各方格网点的平均高程值。用算术平均法计算各方格网点的平均高程值的方法是：把各方格网点的地面标高数字全部加起来，然后再除以方格网点的个数，即

$$H_{平均} = \frac{\sum_{i=1}^{n} H_i}{n} \tag{5-9}$$

式中　$H_{平均}$——各方格网点的算术平均高程；

　　　　H_i——各方格网点的单个高程；

　　　　n——方格网点的个数。

代入图 5-16 中的数据，该方格网点的平均高程为 $H_{平均}$＝51.63m。

②用加权平均法计算各方格网点的平均高程值。用加权平均法计算各方格网点的平均高程值的基本思想是：先根据各小方格角上的 4 个高程数据，算出各小方格的平均高程值，然后根据各小方格的平均高程值，再算出整个方格网的平均高程值。

例如，在图 5-16 由 1、2、6、7 四个网点组成的小方格中，其平均高程为 1、2、6、7 四个网点的单个高程加起来除以 4；由 2、3、7、8 四个网点组成的小方格中，其平均高程为 2、3、7、8 四个网点的单个高程加起来除以 4。不难发现，在计算上述两个小方格各自的平均高程时，2、7 两点的单个高程值用了两次。再观察整个计算过程，可以得出这样的规律：在计算各小方格的平均高程值时，1、5、21、25 这 4 个角的高程值只参与计算一次，2、3、4、…等边点的高程值将参与计算两次，7、8、9、…等中间点的高程值将参与计算四次（凹角点

93

为三次，本例中暂无）。我们把各网点单个高程值参与计算的次数称为各点的权。

根据上述规律可以总结出用加权平均法来计算各网点的平均高程值的方法为：用各网点的高程值乘以该点的权，并求出其总和，然后再除以各点权的总和，即

$$H_{平均} = \frac{\sum_{i=1}^{n} P_i H_i}{\sum_{i=1}^{n} P_i} \tag{5-10}$$

式中　$H_{平均}$——各方格网点的加权平均高程；

　　　H_i——各方格网点的单个高程；

　　　P_i——各方格网点的权；

　　　n——方格网点的个数。

代入图 5-16 中的数据，该方格网点的平均高程为 $H_{平均}=51.57\text{m}$。

像这种在求一群已知数的平均数时，不但要考虑该群已知数的数值，而且还把这些数各自的权也带进去参加计算的方法，叫加权平均法，其算得的值叫加权平均值。

把用加权平均法算得的结果与用算术平均法算得的结果进行比较，可以看出两个结果其值不等。用加权平均法算得的结果精度高，加权平均值比算术平均值更接近于真值。

4）计算各网点的施工高度。各网点的施工高度也就是各网点的应挖高度或应填深度。其计算方法是，用各网点的单个地面高程值减去加权平均高程值。若算得的差为正，则表示应挖，若算得的差为负，则表示应填，若算得的差为零，则表示不挖不填。将其计算结果标注在方格网图各网点地面高程值的下面，如图5-16所示，并在平整现场各网点的标桩上写明。

5）计算各小方格的施工高度。把各小方格4个角点上的施工高度求代数和，然后再除以4，即得各小方格的施工高度，也就是在这个小方格面积范围内的应挖高度或应填深度。各小方格的施工高度计算出后，标注在方格网各小方格的中央（见图5-17，也可以直接标注在图5-16上），以便于计算挖（填）土方量。

显然，各小方格的施工高度有正有负，如果为正，说明有挖有填。如果计算无误的话，那么应挖高度和应填深度一定相等，而且以此算出的应挖方量与应填方量也必然相等。

6) 计算挖（填）土方量。将各小方格的施工高度乘以其面积，就得到各小方格的挖（填）土方量。其正值的总和为总挖方量，其负值的总和为总填方量。计算后如果看到总挖高等于总填深，总挖方等于总填方，则表明此块场地平整，挖、填平衡，测算无误。

（2）退格土方方格网的测设方法及挖（填）方量计算。在布设土方方格网时，为了计算土方量的方便，可由场地的纵、横边界分别向内缩进半个小方格边长而开始布设网点。这样，各网点实际上就是满边方格网各小方格的中心（如图5-18中纵横虚线的交点所示）。像这种由平整场地的边界向内缩进一个尺寸后才开始布设网点的方格网叫退格方格网。例如，图5-18中虚线所构成的方格网就是退格方格网。

−0.34	−0.38	−0.28	−0.13
−0.07	−0.25	−0.17	+0.06
+0.18	−0.12	−0.04	+0.27
+0.35	+0.16	+0.24	+0.52

图5-17 施工高度的表示

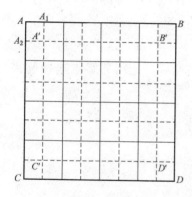

图5-18 退格方格网

1) 退格方格网的测设要点。

①按测设满边方格网的方法定出 AB 与 AC 边。

②在 AB 边上自 A 点起量取半个小方格边长为 A_1 点，在 AC 边上自 A 点起量取半个小方格边长为 A_2 点。

③过 A_1 点作 AC 的平行线，过 A_2 点作 AB 的平行线，两平行线的交点即为退格方格网的交点 A'。

④在 A' 点安置经纬仪，延长 A_2A'、并按各方格的边长量距得 B' 点。再转 $90°$ 水平角，同样按各方格的边长量距得 C' 点。

⑤以下再按测设满边方格网的方法即可以测设出退格方格网。

2) 测定各网点的地面高程。测设方法与测定满边方格网各网点的地面高程的方法相同。只不过此时各网点的地面高程实际上已代表满边方格网相应小方格的平均高程。

3) 计算各网点的平均高程值。计算各网点的平均高程值时，仍可用算术平均法和加权平均法。因加权平均法较为精确，所以，通常都采用加权平均法。

4) 计算各网点的施工高度。各网点施工高度的计算方法仍然是用各网点的地面高程值减去加权平均高程值。此时，各网点的施工高度就是满边方格网中相应小方格的施工高度，可直接用它来计算挖（填）土方量。

5）计算挖（填）土方量。各网点的施工高度乘以各小方格的面积，就是各小方格的挖（填）土方量。若各网点的挖高与填深相等，且总挖方又等于总填方，则表明计算无误。

从两种方格网的测设与土方量的计算过程来看，满边网的测设过程稍微简单一点儿，但数据多且计算过程也多一步，退格网的测设过程稍微复杂一点儿，但数据少且计算过程较简单。可以肯定，满边网的计算精度比退格网高，特别是在地面高低变化不均匀的场地上进行场地平整时，不宜采用退格网。

2. 零线位置的标定

在场地平整施工中，有时需要将挖、填的分界线测定于地上，并撒出白灰线，作为施工时掌握挖与填的标志线。这条挖与填的标志线在场地平整测量中叫作零线。

（1）零点的计算。在高低不平的地面上进行场地平整，总有一个不挖不填的高度，在已算出各方格网点的施工高度后，如一点为挖方，另一相邻点为填方，则在这两点之间，必然存在一个不挖不填的点，这个不挖不填的点在场地平整测量中就叫作零点。求出零点的位置后，把相邻零点连接起来，就得到了零线。

零点位置的计算公式为

$$x_1 = \frac{ah_1}{h_1 + h_2} \tag{5-11}$$

式中　a——小方格边长；

h_1、h_2——相邻两方格点的施工高度，其符号相反，均用绝对值代入计算；

x_1——零点与施工高度为 h_1 的方格点间的距离。

（2）零线的连成。零点的位置全部计算出来后，即可在平整现场相应的网点上通过用量距的方法把零点标定出来。然后，沿相邻零点的连接线撒白灰线，就标定出了以白灰线为准的零线位置。

3. 土石方量的测算方法

土石方量的计算是建筑工程施工中工程量的计算、编制施工组织设计和合理安排施工现场的一项重要依据。若土方的自然形状比较规则，则可按相应的几何形状的体积计算公式来计算土方量。若土方的自然形状不规则，则可以根据前面讲到的地形图应用中的土方量计算的几种方法计算。

六、定位放线测量

1. 测设前的准备工作

首先，熟悉图纸，了解设计意图。设计图纸是施工测量的主要依据。与测设有关的图纸主要有：建筑总平面图、建筑平面图、立面图、剖面图、基础平面图和基础详图。建筑总平面图是施工放线的总体依据，建筑物都是根据总平面图上所给的尺寸关系进行定位的。建筑平面图给出了建筑物各轴线的间距。立面图和剖面图给出了基础、室内外地坪、门窗、楼板、屋架、屋面等处设计标高。基础平面图和基础详图给出基础轴线、基础宽度和标高的尺寸关系。在测设工作之前，需了解施工的建筑物与相邻建筑物的相互关系，以及建筑物的尺寸和施工的要求等。对各设计图纸的有关尺寸及测设数据应仔细核对，必要时要将图纸上主要尺寸摘抄于施测记录本上，以便随时查找使用。

其次，要现场踏勘，全面了解现场情况，检测所有原有测量控制点。平整和清理施工现场，以便进行测设工作。

然后，按照施工进度计划要求，制订测设计划，包括测设方法、测设数据计算和绘制测设草图。

在测量过程中，还必须清楚测量的技术要求，因此，测量人员对施工规范和工程测量规范的相关要求应进行学习和掌握。

2. 建筑物的定位

建筑物的定位是根据设计条件，将建筑物外廓的各轴线交点（简称角点）测设到地面上，作为基础放线和细部放线的依据。由于设计条件不同，定位方法主要有下述三种。

（1）根据与原有建筑物的关系定位。在建筑区内新建或扩建建筑物时，一般设计图上都给出新建筑物与附近原有建筑物或道路中心线的相互关系，如图 5-19 所示，图中绘有斜线的是原有建筑物，没有斜线的是拟建建筑物。

如图 5-19（a）所示，拟建的建筑物轴线 AB 在原有建筑物轴线 MN 的延长线上，可用延长直线法定位。为了能够准确地测设 AB，应先作 MN 的平行线 $M'N'$。做法是沿原建筑物 PM 与 QN 墙面向外量出 MM' 及 NN'，并使 $MM' = NN'$，在地面上定出 M' 和 N' 两点作为建筑基线。再安置经纬仪于 M' 点，照准 N' 点，然后沿视线方向，根据图纸上所给的 NA 和 AB 尺寸，从 N' 点用量距方法依次定出 A'、B' 两点。再安置经纬仪于 A' 和 B' 测设 90°。从而定出 AC

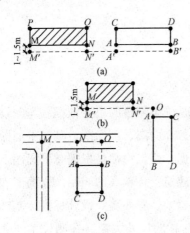

图 5-19　建筑物的定位

（a）延长直线法定位；

（b）、（c）直角坐标法定位

和 BD。

如图 5-19（b）所示，可用直角坐标法定位。先按上法作 MN 的平行线 M'N'，然后安置经纬仪于 N' 点，作 M'N' 的延长线，量取 ON' 距离，定出 O 点，再将经纬仪安置于 O 点上测设 90°角，丈量 OA 值定出 A 点，继续丈量 AB 而定出 B 点。最后，在 A 和 B 点安置经纬仪测设 90°，根据建筑物的宽度定出 C 点和 D 点。

如图 5-19（c）所示，拟建建筑物 ABCD 与道路中心线平行，根据图示条件，主轴线的测设仍可用直角坐标法。测法是先用拉尺分中法找出道路中心线，然后用经纬仪作垂线，定出拟建建筑物的轴线。

（2）根据建筑方格网定位。在建筑场地已设有建筑方格网，可根据建筑物和附近方格网点的坐标，用直角坐标法测设。如图 5-20 所示，由 A、B 点的设计坐标值可算出建筑物的长度和宽度。测设建筑物定位点 A、B、C、D 时，先把经纬仪安置在方格点 M 上，照准 N 点，沿视线方向自 M 点用钢尺量取 AM 得 A' 点；再由 A' 点沿视线方向量建筑物的长度得 B' 点；然后，安置经纬仪于 A'，照准 N 点，向左测设 90°，并在视线上量取 AA' 得 A 点，再由 A 点继续量取建筑物的宽度得 D 点。安置经纬仪于 B' 点，同法定出 B、C 点。为了校核，应再测量 AB、CD 及 BC、AD 的长度，看其是否等于建筑物的设计长度和宽度。

（3）根据控制点的坐标定位。在场地附近如果有测量控制点可以利用，也可以根据控制点及建筑物定位点的设计坐标，反算出交会角度或距离后，因地制宜地采用极坐标法或角度交会法，将建筑物的主要轴线测设到地面上。

3. 建筑物的放线

建筑物放线是指根据定位的主轴线桩（即角桩），详细测设其他各轴线交点的位置，并用木桩（桩顶钉小钉）标定出来，称为中心桩，并据此按基础宽和放坡宽用白灰线撒出

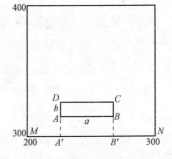

图 5-20　方格网定位

基槽边界线。

由于在施工开挖基槽时中心桩要被挖掉，因此，在基槽外各轴线延长线的两端应钉轴线控制桩（也叫保险桩或引桩），作为开槽后各阶段施工中恢复轴线的依据。控制桩一般钉在槽边外 2～4m 不受施工干扰并便于引测和保存桩位的地方，如附近有建筑物，也可把轴线投测到建筑物上，用红油漆做出标志，以代替控制桩。

（1）龙门板的测设。在一般民用建筑中，为了便于施工，常在基槽开挖前将各轴线引测至槽外的水平木板上，以作为挖槽后各阶段施工恢复轴线的依据。水平木板称为龙门板，固定木板的木桩称为龙门桩，如图 5-21 所示。设置龙门板的步骤如下。

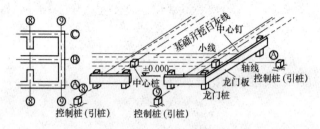

图 5-21　龙门桩的设置

1）在建筑物四角和中间隔墙的两端基槽外 1.5～2m 处（可根据槽深和土质而定）设置龙门桩。桩要竖直、牢固，桩的侧面应与基槽平行。

2）根据附近水准点，用水准仪在每个龙门桩外侧测设出该建筑物室内地坪设计高程线即±0.000 标高线，并做出标志。在地形条件受到限制时，可测设比±0.000 高或低整分米数的标高线，但同一个建筑物最好只选用一个标高。如地形起伏较大，需用两个标高时，必须标注清楚，以免使用时发生错误。

3）沿龙门桩上±0.000 标高线钉设龙门板，这样龙门板顶面的高程就均在±0.000 的水平面上。然后，用水准仪校核龙门板的高程，如有差错则应及时纠正。

4）把经纬仪安置于中心桩上，将各轴线引测到龙门板顶面上，并钉小钉做标志（称为中心钉）。如果建筑物较小，也可用垂球对准定位桩中心，在轴线两端龙门板间拉一小线绳，使其贴靠垂球线，用这种方法将轴线延长标在龙门板上。

5）用钢尺沿龙门板顶面，检查中心钉的间距，其误差不超过 1/2000。检查合格后，以中心钉为准，将墙宽、基础宽标在龙门板上。最后，根据基槽上口宽度拉线，用石灰撒出开挖边线。

龙门板使用方便，它可以控制±0.000以下各层标高和基槽宽、基础宽、墙身宽。但它需要木材较多且占用施工场地，影响交通，对机械化施工不适应。这时候可以用轴线控制桩的方法来代替。

（2）轴线控制桩的测设。轴线控制桩的方法实质上就是厂房控制网的方法。在建筑物定位时，不是直接测设建筑物外廓的各主轴线点，而是在基槽外1～2m处（视槽的深度而定），测设一个与建筑物各轴线平行的矩形网。在矩形网边上测设出各轴线与之相交的交点桩，称为轴线控制桩或引桩。利用这些轴线控制桩，作为在实地上定出基槽上口宽、基础边线、墙边线等的依据。

一般建筑物放线时，±0.000标高测设误差不得大于±3mm，轴线间距校核的距离相对误差不得大于1/3000。

七、建筑施工及配件安装测量

1. 砌体工程中皮数杆设置及检验

皮数杆是作为砌体工程来控制墙面平整、灰缝厚度及其水平度以及墙上构配件安装位置、标高等的标尺，是行之有效的工具。

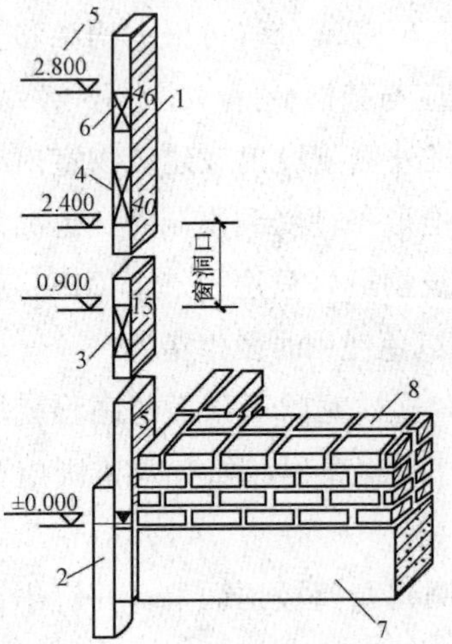

皮数杆用木材制成，杆上将每皮砖厚及灰缝尺寸，分皮一一画出，每五皮注上皮数，故称为"皮数杆"，如图5-22所示。在杆的一侧将地坪标高、窗台线、门窗过梁、楼板位置分别画出。钉立皮数杆时，先靠基础打一大木桩，用水准仪在木桩上测设±0.000标高线，再将皮数杆的地坪标高线与之对齐，用大钉将皮数杆竖直钉立于大木桩上，并加两道斜撑撑牢杆身。

图5-22 砌体工程皮数杆的设置

1—皮数杆；2—大木桩；3—窗台线；

4—门窗过梁；5—楼面标高；6—楼板；

7—地圈梁；8—砖砌体

皮数杆应钉设在墙角及隔墙处，砌砖时在相邻两杆上每皮灰缝底线处拉通线，用以控制砌砖，并指导砌窗台线、立门窗、安装门窗过梁。二层楼板安装好后，将皮数杆移到楼层，使杆上地坪标高正对楼面标高处（注意楼面标高应包括楼面粉刷厚度），即可进行二层墙体的砌筑。

皮数杆对于多层砖混结构的民用建筑，是保证砌体质量的有效设施。立皮数杆后，质量检查员应用钢尺检验皮数杆的皮数划分及几处标高线的位置是否符合设计要求。同时，用如图 5-23 所示垂线板，将板的边缘紧靠皮数杆的一个侧面，如垂球线静止时恰好对准板底缺口凹点，表示这一方向皮数杆是竖直的。同法检验杆身相邻的另一面，如也是竖直，即表示杆身钉立竖直。

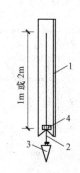

图 5-23　垂线板
1—垂球线板；2—垂球线；
3—垂球；4—毫米刻度尺

2. 建筑的轴线及标高检验测量

建筑的墙柱每施工完一层，质量检验人员应立即进行该楼层的墙柱轴线及楼层标高的检验测量，方法如下。

（1）楼层墙、柱轴线的检测。置经纬仪于轴线桩上，严格对中、整平，后视龙门板（或底层基础上）的轴线标记，再仰起望远镜，检测该楼层或柱顶上的轴线标志，按规范的规定，不得超过表 5-1 所列的允许偏差。

表 5-1　　　　　　　　　　墙、柱轴线的允许偏差　　　　　　　　单位：mm

结构类型	毛石墙	料石墙	砖墙	混凝土墙、柱	混凝土剪力墙	单层钢柱
允许偏差	15	10	10	8	5	5

为使经纬仪望远镜的仰角不致过大，仪器距建筑物的距离应大于建筑物的高度。如轴线桩距建筑物较近，应在测设时，根据施工场地情况，尽可能另设投测轴线用的轴线桩，或用激光经纬仪、全站仪等现代测量仪器及钢尺实测。

（2）楼层标高的检测。常用的方法有以下两种。

1）在楼板吊装（或浇筑）完毕后，质量检查员应及时用钢尺沿一墙角，从 ±0.000 标高向上量至楼层表面，以检测各楼层的标高是否符合设计要求，允许偏差按"新版规范"不得超过±15mm。

如对皮数杆的钉立已检验合格，则按皮数杆上的楼面标高，也可计得各楼层的标高，以检验是否合格。

2）如图 5-24 所示，在楼梯间悬吊一根钢尺，用水准仪测定楼层 B 点的高程为

$$H_B = \pm 0.000 + a + (c - b) - d = \pm 0.000 + a - b + c - d$$

施工员为掌握楼面抹灰及室内装修的标高，常在各层墙面上测设一标高墨

线，距各层楼面0.50m，质量检查员在检测楼层标高时，应同时用水准仪检验该标高是否合格。

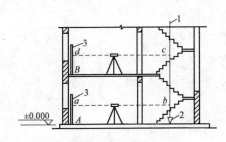

图5-24　楼层标高的检测

1—悬吊钢尺；2—大垂球；3—水准尺

（3）墙面及楼地面的检测。墙面及楼地面施工完毕，质量检查员应根据《建筑装饰装修工程质量验收规范》GB 50210—2001，抽样检查其施工质量。抽查数量为：室外每个检验批每100m²应至少抽查一处，每处不得小于10m²。室内每个检验批应至少抽查10%，并不得少于3间，不足3间时应全数检查。先进行外观检查，对质量有问题处，应列为抽查对象。检测的内容及方法如下。

1）墙面及楼地面平整度的检测：在墙面、楼地面粉刷、装修施工完毕后，质量检查员应用2m长的直尺（称为"靠尺"），靠在墙面和楼面不同方向处，以不见缝隙为好。如有缝隙，则用如图5-25所示的塞尺，塞入缝隙中，将塞尺的活动靠尺头部，靠紧直尺边，从活动靠尺面的刻度指标线，可读得缝

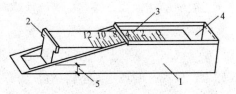

图5-25　塞尺

1—塞尺；2—活动靠尺头部；

3—指标线；4—有机玻璃尺面；

5—缝隙厚度（尺面读数表示为3.2mm）

隙厚度，此厚度即为墙面或楼地面平整度的偏差。按新版规范规定，允许偏差见表5-2。

表5-2　　　　　　　　　　　装饰工程表面平整度允许偏差　　　　　　　　　　单位：mm

一般抹灰		装饰抹灰				复合轻质墙板		外墙面砖	内墙面砖
普通抹灰	高级抹灰	水刷石	斩假石	干粘石	假面砖	金属夹芯板	其他复合板		
4	3	3	3	5	4	2	3	4	3

注：本表摘录部分常用项目的允许偏差，其他构造的装饰工程的允许偏差，可查规范的相关项目。

2）墙面垂直度的检测。墙面垂直度可用如图5-26所示的2m托线板靠墙面检测。同时用钢角尺检测墙的转角和柱的阴、阳角是否为直角；阴、阳角线也用2m托线板上、下靠线，检验是否为直线和垂直。现质检部门常用的垂直度检测尺，如图5-26所示。该检测尺采用电子技术和独特的传感方式，由电能表显示读数，直观、精度高。使用时，在电池盒2内装入电池，开启电源开关7及定位

扣 4，指示灯 8 发光，读数表 3 指针左右摆动。将尺上部向右倾斜，用满度调节旋钮 9 使指针指向满度值。将 2m 尺的上下胶座 6 靠于需检测的墙面，用手指轻触定位销，使指针停止摆动，即可在表上读得垂直度的偏差值。如掀开搭扣 5，可折叠成 1m 长的垂直度检测尺。

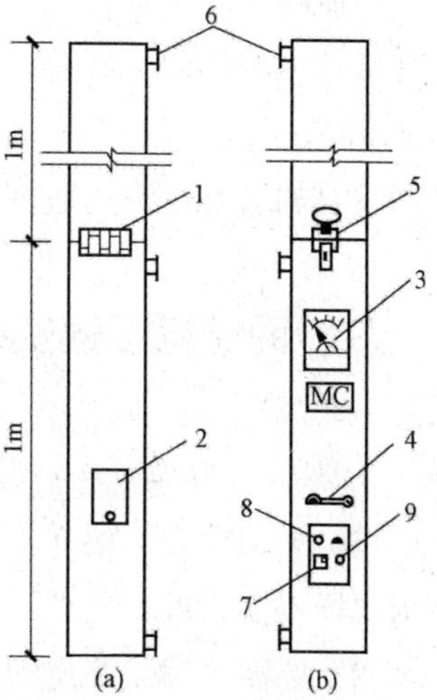

四大角的垂直度，可用下述两种方法检测。

①如建筑高度在 10m 以内，可用如图 5 - 27 所示的方法，在屋顶水平伸出一木尺，端部悬吊一垂线球，下部基础顶面也放一水平木尺，当垂球静止时，用钢尺量得 a、b 两段长度，如

$$a - b \neq 0$$

则墙角不垂直，其差值不得超过允许偏差。按规范规定，允许偏差为 10mm。

图 5 - 26 垂直度检测尺

1—铰链；2—电池盒；3—读数表；
4—定位扣；5—搭扣；6—胶座；
7—电源开关；8—指示灯；
9—满度调节旋钮

②用经纬仪在距建筑物大于其高度处安置望远镜，精确整平后，仰起望远镜用十字丝交点照准建筑物外墙角的最高点，固定照准部及望远镜，用望远镜微动螺旋，将望远镜徐徐向下俯视，如墙角线始终不离开十字丝交点，则该墙角线为垂直的直线。如底部有偏离，可在墙脚置一水平钢尺，根据十字丝交点在钢尺上投点，可量得墙角垂直度的偏差。按规范的规定，当墙高不大于 10m 时，允许偏差不得超过 10mm；当墙高大于 10m 时，允许偏差不得超过 20mm。

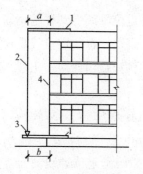

图 5 - 27 墙角垂直度的检测

1—木尺；2—垂球线；

3—垂球；4—建筑墙角

3）灰缝的检测：砌体工程水平灰缝要求平直。砖砌体的灰缝，每步脚手架施工的砌体，每 20m 抽查一处。按规范的规定，拉 10m 线检查，用水平尺抬平拉线，如灰缝偏离拉线不超过 7mm（清水墙）或 10mm（混水墙）则认为合格。同时用钢尺检查灰缝厚薄是否均匀，水平灰缝厚度宜为 10mm，但不应小于 8mm，也不应大于 12mm。

清水墙的垂直灰缝要求上下各缝对齐，如对不齐错位，称"游丁走缝"，可用垂球线悬吊检测，允许错位偏差不得超过 20mm。

门窗洞口的位置、高、宽（后塞口），按设计图纸要求，用钢尺直接丈量，允许偏差为±5mm。外墙上下窗口偏移否，可用经纬仪或吊线检测，允许偏差为 20mm。

只要砌墙时钉设皮数杆并拉线操作，规范要求的质量一般可以满足。

八、钢结构工程安装施工测量

1. 钢结构工程安装施工测量主要内容

（1）平面控制。建立施工控制网对高层钢结构施工是极为重要的。控制网离施工现场不能太近，应考虑到钢柱的定位、检查、校正。

（2）标高控制。高层钢结构工程标高极为重要，根据城市Ⅱ等水准点建立独立的以Ⅲ等要求的水准网，以便在施工过程中直接应用，在支承标高块引测时必须对水准点进行检查，Ⅲ等水准精度要求以 $\pm\sqrt{n}$ (mm)，n 为测站数。

（3）定位轴线检查。定位轴线从基础施工起就应引起重视，必须在定位轴线前做好控制点，待基础浇筑混凝土后，再根据控制点将定位轴线引到柱基钢筋混凝土底板面上，然后预检定位轴线是否同原定位重合、闭合，每根定位线总尺寸误差值是否超过控制数，纵横网轴线是否垂直、平行。预检应由业主、土建、安装三方联合进行，对检查数据要统一认可鉴证。

（4）柱间距检查。柱间距检查是在定位轴线认可的前提下进行，采用检定钢尺实测柱间距。柱间距离偏差值应严格控制在±3mm 范围内，绝不能超过±5mm。柱间距超过±5mm，则必须调整定位轴线。原因是定位轴线的交点是柱基点，钢柱竖向间距以此为准，框架钢梁的连接螺孔的直径一般比高强度螺栓直径大 1.5～2.0mm，如柱距过大或过小，直接影响整个竖向框架梁的安装连接和钢柱的垂直，安装中还会有安装误差。在上面检查柱间距时，必须注意安全。

（5）单独柱基中心检查。检查单独柱基的中心线同定位线之间的误差，调整柱基中心线使其同定位轴线重合，然后以柱基中心线为依据，检查地脚螺栓的预埋位置。

（6）标高实测。以Ⅲ等水准点的标高为依据，对钢柱柱基表面进行标高实测，将测得的标高偏差用平面图表示出来，作为临时支承标高块调整的依据。

（7）轴线位移校正。任何一节框架钢柱的校正，均以下节钢柱顶部的实际中心线为准，安装钢柱的底部对准下钢柱的中心线即可。由此可见，实测位移是极为重要的，根据实测位移量以实际情况加以调整。调整位称时特别注意钢柱的扭转，钢柱扭转对框架安装很不利，应引起重视。

2. 定位轴线、标高控制

（1）钢结构安装前，应对建筑物的定位轴线、平面封闭角、底层柱的位置线进行复查，合格后方能开始安装工作。

（2）测量基准点由邻近城市坐标点引入，经复测后以此坐标作为该项目钢结构工程平面控制测量的依据。必要时通过平移、旋转的方式换算成平行（或垂直）于建筑物主轴线的坐标轴，便于应用。

（3）按照《工程测量规范》（GB 50026—2007）规定的四等平面控制网的精度要求（此精度能满足钢结构安装轴线的要求），在±0.000 面上，运用全站仪放样，确定 4～6 个平面控制点。对由各点组成的闭合导线进行测角（六测回）、测边（两测回），并与原始平面控制点进行联测，计算出控制点的坐标。在控制点位置埋设钢板，做十字线标记，打上冲眼，如图 5-28 所示。在施工过程中，做好控制点的保护，并定期进行检测。

（4）以邻近的一个水准点作为原始高程控制测量基准点，并选另一个水准点按二等水准测量要求进行联测。同样，在±0.000 的平面控制点中设定两个高程控制点。

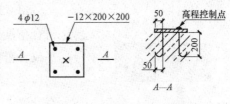

图 5-28 控制点设置示意图

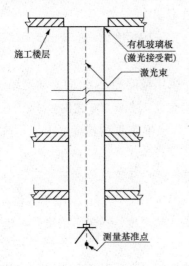

图 5-29 平面控制点竖向投点示意图

（5）框架柱定位轴线的控制，应从地面控制轴线直接引上去，不得从下层柱的轴线引出。一般平面控制点的竖向传递可采用内控法。用天顶准直仪（或激光经纬仪）按图 5-29 的方法进行引测，在新的施工层面上构成一个新的平面控制网。对此平面控制网进行测角、测边，并进行自由网平差和改化。以改化后的投测点作为该层平面测量的依据。运用钢卷尺配合全站仪（或经纬仪），放出所有柱顶的轴线。

（6）结构的楼层标高可按相对标高或设

计标高进行控制。

1）按相对标高安装时，建筑物高度的积累偏差不得大于各节柱制作允许偏差的总和。

2）按设计标高安装时，应以每节柱为单位进行柱标高的调整工作，将每节柱接头焊缝的收缩变形和在荷载下的压缩变形值，加到柱的制作长度中去。楼层（柱顶）标高的控制一般情况下以相对标高控制为主，设计标高控制为辅的测量方法。同一层柱顶标高的差值应控制在5mm以内。

（7）第一节柱的标高，可采用在柱脚底板下的地脚螺栓上加一螺母的方法精确控制，如图5-30所示。

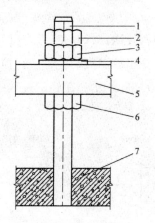

图5-30 第一节柱标高的确定

1—地脚螺栓；2—止退螺母；

3—紧固螺母；4—螺母垫板；

5—柱脚底板；6—调整螺母；

7—钢筋混凝土基础

3. 钢结构安装测量

多层与高层钢结构安装阶段的测量放线工作包括控制网的建立，平面轴线控制点的竖向投递，柱顶平面放线，悬吊钢尺传递标高，平面形状复杂钢结构坐标测量，钢结构安装变形监控等。

（1）测量器具的检定与检验。为达到正确的符合精度要求的测量成果，全站仪、经纬仪、水平仪、铅直仪、钢尺等施工测量前必须经计量部门检定。除按规定周期进行检定外，在周期内的全站仪、经纬仪、铅直仪等主要有关轴线关系的，还应每2～3个月定期检校。

1）全站仪：宜采用精度为2s、3＋3ppm级全站仪。

2）经纬仪：采用精度为2s级的光学经纬仪，如是超高层钢结构，宜采用电子经纬仪，其精度宜在1/200 000之内。

3）水准仪：按国家三、四等水准测量及工程水准测量的精度要求，其精度为±3mm/km。

4）钢卷尺：土建、钢结构制作、钢结构安装、监理等单位的钢卷尺，应统一购买通过标准计量部门校准的钢卷尺。

使用钢卷尺时，应注意检定时的尺长改正数，如温度、拉力、挠度等，进行尺长改正。

（2）建筑物测量验线。钢结构安装前，土建部门已做完基础，为确保钢结构安装质量，进场后首先要求土建部门提供建筑物轴线、标高及其轴线基准点、标高基准点，依此进行复测轴线及标高。

1）轴线复测。复测方法根据建筑物平面形状不同而采取不同的方法。宜选用全站仪进行。

①矩形建筑物的验线宜选用直角坐标法。

②任意形状建筑物的验线宜选用极坐标法。

③对于不便量距的点位，宜选用角度（方向）交会法。

2）验线部位：定位依据桩位及定位条件。

①建筑物平面控制图、主轴线及其控制桩。

②建筑物标高控制网及±0.000 标高线。

③控制网及定位轴线中的最弱部位。

④建筑物平面控制网主要技术指标见表 5 - 3。

表 5 - 3 　　　　　　　　　　建筑物平面控制网主要技术指标

等级	适用范围	测角中误差（″）	边长相对中误差
1	钢结构高层、超高层建筑	±9	1/24 000
2	钢结构多层建筑	±12	1/15 000

（3）误差处理。

1）验线成果与原放线成果两者之差略小于或等于 1/1.414 限差时，可不必改正放线成果或取两者的平均值。

2）验线成果与原放线成果两者之差超过 1/1.414 限差时，原则上不予验收，尤其是关键部位。若次要部位，可令其局部返工。

（4）测量控制网的建立。

1）建立基准控制点。根据施工现场条件，建筑物测量基准点有以下两种测设方法。

①将测量基准点设在建筑物外部，俗称外控法，它适用于场地开阔的工地。根据建筑物平面形状，在轴线延长线上设立控制点，控制点一般距建筑物（0.8~1.5）H（H 为建筑物高度）处。每点引出两条交会的线，组成控制网，并设立半永久性控制桩。建筑物垂直度的传递都从该控制桩引向高空。

②将测量控制基准点设在建筑物内部，俗称内控法。它适用于场地狭窄、无法在场外建立基准点的工地。控制点的多少根据建筑物平面形状决定。当从地面或底层把基准线引至高空楼面时，遇到楼板要留孔洞，最后修补该孔洞。

上述基准控制点测设方法可混合使用。

2）建立复测制度。要求控制网的测距相对中误差小于 1/25 000，测角中误差小于 2s。各控制桩要有防止碰损的保护措施。设立控制网，提高测量精度。基准点处宜用预埋钢板，埋设在混凝土里，并在旁边做好醒目的标志。

（5）平面轴线控制点的竖向传递。

1）地下部分。一般高层钢结构工程中，均有地下部分 1～6 层左右，对地下部分可采用外控法。建立井字形控制点，组成一个平面控制格网，并测设出纵横轴线。

2）地上部分。控制点的竖向传递采用内控法，投递仪器采用激光铅直仪。在地下部分钢结构工程施工完成后，利用全站仪，将地下部分的外控点引测到±0.000 层楼面，在±0.000 层楼面形成井字形内控点。在设置内控点时，为保证控制点间相互通视和向上传递，应避开柱梁位置。在把外控点向内控点的引测过程中，其引测必须符合国家标准《工程测量规范》中相关规定。

地上部分控制点的向上传递过程是：在控制点架设激光铅直仪，精密对中整平；在控制点的正上方，在传递控制点的楼层预留孔 300mm×300mm 上放置一块有机玻璃做成的激光接收靶，通过移动激光接收靶即将控制点传递到施工作业楼层上；然后在传递好的控制点上架设仪器，复测传递好的控制点，当楼层超过 100m 时，激光接收靶上的点不清楚，可采用接力办法传递，其传递的控制点必须符合国家标准《工程测量规范》的相关规定。

（6）柱顶轴线（坐标）测量。利用传递上来的控制点，通过全站仪或经纬仪进行平面控制网放线，将轴线（坐标）放到柱顶上。

（7）悬吊钢尺传递标高。

1）利用标高控制点，采用水准仪和钢尺测量的方法引测。

2）多层与高层钢结构工程一般用相对标高法进行测量控制。

3）根据外围原始控制点的标高，用水准仪引测水准点至外围框架钢柱处，在建筑物首层外围钢柱处确定＋1.000m 标高控制点，并做好标记。

4）从做好标记并经过复测合格的标高点处，用 50m 标准钢尺垂直向上量至各施工层，在同一层的标高点应检测相互闭合，闭合后的标高点则作为该施工层标高测量的后视点并做好标记。

5）当超过钢尺长度时，另布设标高起始点，作为向上传递的依据。

（8）钢柱垂直度测量。

1）钢柱吊装时，钢柱垂直度测量一般选用经纬仪。用两台经纬仪分别架设在引出的轴线上，对钢柱进行测量校正。当轴线上有其他的障碍物阻挡时，可将仪器偏离轴线 150mm 以内。

2）钢柱安装测量工艺流程如图 5-31 所示。

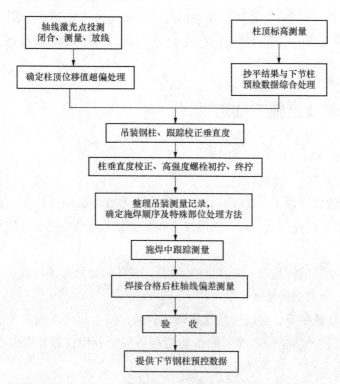

图 5-31　钢柱安装测量工艺流程

3）钢结构安装工程中的测量顺序。测量、安装、高强度螺栓安装与紧固、焊接四大工序的协同配合是高层钢结构安装工程质量的控制要素，而钢结构安装工程的核心是安装过程中的测量工作。

①初校。初校是钢柱就位中心线的控制和调整，调整钢柱扭曲、垂偏、标高等综合安装尺寸的需要。

②重校。在某一施工区域框架形成后，应进行重校，对柱的垂直度偏差、梁的水平度偏差进行全面的调整，使柱的垂直度偏差、梁的水平度偏差达到规定标准。

③高强度螺栓终拧后的复校。在高强度螺栓终拧以后应进行复校，其目的是掌握在高强度螺栓终拧时钢柱发生的垂直度变化。这时的变化只有考虑用焊接顺序来调整。

④焊后测量，在焊接达到验收标准以后，对焊接后的钢框架柱及梁进行全面

109

的测量，编制单元柱（节柱）实测资料，确定下一节钢结构构件吊装的预控数据。

⑤通过以上钢结构安装测量程序的运行，测量要求的贯彻，测量顺序的执行，使钢结构安装的质量自始至终都处于受控状态，以达到不断提高钢结构安装质量的目的。

九、高层建筑施工测量

1. 基本要求

（1）高层建筑施工测量的特点。

1）由于建筑层数多、高度高，结构竖向偏差直接影响工程受力情况，故施工测量中要求竖向投测精度高，所用仪器和测法要适应结构类型、施工方法和场地条件。

2）由于建筑结构复杂（尤其是钢结构）、设备和装修标准较高，以及高速电梯的安装等，要求测量精度至毫米。

3）由于建筑平面、立面造型既新颖且复杂多变，故要求测量放线方法能因地、因时制宜，灵活适应，并需配备功能相适应的专用仪器和采取必要的安全措施。

4）由于建筑工程量大，多为分期施工且工期长，为保证工程的整体性和各局部施工的精度要求，在开工前要测设足够精度的场地平面控制网和标高控制网。又由于有大面积或整个场地的地下工程，施工现场布置变化大，故要求采取妥善措施，使主要控制网点在整个施工期间能准确、牢固地保留至工程竣工，并能移交给建设单位继续使用，这项工作是保证整个施工测量顺利进行的基础，也是当前施工测量中难度最大的工作。

5）由于天气的变化、建筑材料的性质、不同施工工艺的影响、荷载的增加与变化等原因，都会使建（构）筑物在施工过程中产生变形。为了保证在分部和总体竣工验收时达到规范要求，在施工测量中，就必须根据有关的规律预估和预留变形量。如测设标高时，应预留结构下沉量；校测钢柱铅直度时，应根据焊接次序预留构件焊接后的收缩量；在控制高耸建（构）筑物铅直度时，应考虑日照变形的影响；在较大体积混凝土施工中，应考虑混凝土的整体收缩量对测量的影响，等等。由于高层建筑均有较深的基础，且其自身荷载巨大。为了确保安全施工和检验工程质量，在施工期间与竣工后一段时间内，均要进行内容多方面的施工环境的变形监测和建筑物本身的变形监测，作为正确指导施工与运营管理的依据。

6）由于采取立体交叉作业，施工项目多，为保证工序间的相互配合、衔接，施工测量工作要与设计、施工等各方面密切配合，并要事先充分做好准备工作，制订切实可行的与施工同步的测量放线方案。测量放线人员要严格遵守施工放线的工作准则。

7）为了确保工程质量，防止因测量放线的差错造成事故，必须在整个施工的各个阶段和各主要部位做好验线工作，并要在审查测量放线方案和指导、检查测量放线工作等方面下功夫，做到防患于未然的质量预控，改变只是事后验线的被动工作方式。

（2）高层建筑施工测量人员应具备的基本能力。施工测量工作是施工中先导性工序，是使工程施工符合工程设计要求的重要手段之一，在高层建筑施工中尤显重要。为此，其测量放线人员应具备以下基本能力。

1）看懂设计图纸，结合测量放线工作能核查图纸中的问题，并能绘制放线中所需的大样图或现场平面图。

2）了解并掌握不同工程类型、不同施工方法对测量放线的不同要求。

3）了解仪器的构造和原理，并能熟练地使用、检校、维修仪器。

4）能够对各种几何形状、数据和点位进行计算与校核，并较熟练地掌握电子计算器和计算机的操作。

5）熟悉误差理论，能针对误差产生的原因采取有效措施，并能对各种观测数据进行科学处理。

6）熟悉工程测量理论，能针对不同的工程制订切实可行的测量方案，并能采用不同的观测方法和校测方法，高精度、高速度地施测。

7）能够针对施工现场的不同情况，综合分析和处理有关施工测量中的相关问题。

2. 高层建筑施工测量步骤

（1）施工控制网的布设。高层建筑必须建立施工控制网。其平面控制一般采用建筑方格网控制网形式。建立建筑方格网，必须从整个施工过程考虑，打桩、挖土、浇筑基础垫层及其他施工工序中的轴线测设等，要均能应用所布设的施工控制网。由于打桩、挖土对施工控制网的影响较大，除了经常进行控制网点的复测校核之外，最好随着施工的进行，将控制网延伸到施工影响区之外。而且，必须及时地伴随着施工将控制轴线投测到相应的建筑面层上，这样便可根据投测的控制轴线，进行柱列轴线等细部放样，以备绑扎钢筋、立模板和浇筑混凝土之用。施工控制网的坐标轴应严格平行于建筑物的主轴线或道路的中心线。施工方格网的布设必须与建筑总平面图相配合，以便在施工过程中能够保存最多数量的方格控制点。

建筑方格网的实施，首先在建筑总平面图上设计，然后依据高等级控制点用极坐标法或是直角坐标法测设在实地，最后进行校核调整，保证精度在允许的限差范围之内。

在高层建筑施工中，高程测设在整个施工测量工作中所占比例很大，同时也是施工测量中的重要部分。正确而周密地在施工场地上布置水准高程控制点，能在很大程度上使立面布置、管道敷设和建筑物施工得以顺利进行，建筑施工场地上的高程控制必须以精确的起算数据来保证施工的质量要求。

高层建筑施工场地上的高程控制点，必须联测到国家水准点上或城市水准点上。高层建筑物的外部水准点高程系统应与城市水准点的高程系统统一。

一般高层建筑施工场地上的高程控制网用三、四等水准测量方法进行施测，而且应把建筑方格网的方格点纳入到高程系统中，以保证高程控制点密度，满足工程建设高程测设工作所需。

（2）高层建（构）筑物主要轴线的定位和放线。在软土地基场区上的高层建筑其基础常用桩基，桩基分为预制桩和灌注桩两种。其特点是：基坑较深且位于市区，施工场地不宽敞；建筑物的定位大都是根据建筑施工方格网或建筑红线进行。由于高层建筑的上部荷载主要由桩承受，所以对桩位的定位精度要求较高，一般规定，根据建筑物主轴线测设桩基和板桩轴线位置的允许偏差为20mm，对于单排桩则为10mm。沿轴线测设桩位时，纵向（沿轴线方向）偏差不宜大于3cm，横向偏差不宜大于2cm。位于群桩外周边上的桩，测设偏差不得大于桩径或桩边长（方形桩）的1/10；桩群中间的桩则不得大于桩径或边长的1/5。为此，在定桩位时必须依据建筑施工控制网，实地定出控制轴线，再按设计的桩位图中所示尺寸逐一定出桩位，实地控制轴线测设好后，务必进行校核，检查无误后方可进行桩位的测设工作。

建筑施工控制网一般都确定一条或两条主轴线。因此，在建筑物放样时，按照建筑物柱列线或轮廓线与主控制轴线的关系，依据场地上的控制轴线逐一定出建筑物的轮廓线。现今大都使用全站仪采用极坐标法进行建筑物的定位。具体做法是：通过图纸将设计要素如轮廓坐标、曲线半径、圆心坐标及施工控制网点的坐标等识读清楚，并计算各自的方位角及边长，然后在控制点上安置全站仪（或经纬仪）建立测站，按极坐标法完成各点的实地测设。将所有建筑物轮廓点定出后，再行检查是否满足设计要求。

总之，根据施工场地的具体条件和建筑物几何图形的繁简情况，可以选择最合适的测设方法完成高层建筑物的轴线定位。

轴线定位之后，即可依据轴线测设各桩位（或柱列线上的桩位）。桩的排列随着建筑物形状和基础结构的不同而异。最简单的排列是格网形状，此时只要根据轴线，精确地测设出格网的 4 个角点，进行加密即可测设出其他各桩位。有的基础则是由若干个承台和基础梁连接而成。承台下面是群桩；基础梁下面有的是单排桩，有的是双排桩。承台下的群桩的排列，有时也会不同。测设时一般是按照"先整体、后局部，先外廓、后内部"的顺序进行。测设时通常根据轴线，用直角坐标法测设不在轴线上的桩位点。

测设出的桩位均用小木桩标示其位置，而且应在木桩上用中心钉标出桩的中心位置，以供校核。其校核方法一般是：根据轴线，重新在桩顶上测设出桩的设计位置并用油漆标明，然后量出桩中心与设计位置的纵、横向两个偏差分量 δ_x、δ_y，若其偏差值在允许范围内，即可进行下一工序的施工。

桩的平面位置测设好后，即可进行桩的灌注施工，此时需进行桩的灌入深度的测设。一般是根据施工场地上已测设的 ± 0.000 标高，测定桩位的地面标高，通过桩顶设计标高及设计桩长，计算出各桩应灌入的深度，进行测设。同时，可用经纬仪控制桩的铅直度。

（3）高层建筑物的轴线投测。当完成建筑物的基础工程后，为保证在后期各层的施工中其相应轴线能位于同一竖直面内，应进行建筑物各轴线的投测工作。在进行轴线投测之前，为保证测设精度，首先必须向基础平面引测各轴线控制点。因为，在采用流水作业法施工中，当第一层柱子施工好后，马上开始围护墙的砌筑，这样原有建立的轴线控制标桩与基础之间的通视很快即被阻断，因此，为了轴线投测的需要，必须在基础面上直接标定出各轴线标志。

当施工场地比较宽阔时，可采用经纬仪引桩投测法（又称外控法）进行轴线的投测。用此方法分别在建筑物纵轴、横轴线控制桩（或轴线引桩）上安置经纬仪（或全站仪），就可将建筑物的主轴线点投测到同一层楼面上，各轴线投测点的连线就是该层楼面上的主轴线，据此再依据该楼层的平面图中的尺寸测设出层面上的其他轴线。最后进行检测，保证投测精度在限差内。

当在建筑物密集的建筑区，施工场地狭小，无法在建筑物以外的轴线上安置仪器时，多采用内控法。施测时，必须先在建筑物基础面上测设室内轴线控制点，然后用垂准线原理将各轴线点向建筑物上部各层进行投测，作为各层轴线测设的依据。

首先，在基础平面上利用地面上测设的建筑物轴线控制桩测设主轴线，然后选择适当位置测设出与建筑物主轴线平行的辅助轴线，并建立室内辅助轴线的控制点。室内轴线控制点的布置视建筑物的平面形状而定，对一般平面形状不复杂的建筑物，可布设成"L"形或矩形。内控点应设在角点的柱子附近，各控点连线与柱子设计轴线平行，间距为 0.5～0.8m，且应选择在能保持垂直通视（不受梁等构件的影响）和水平通视（不受柱子等影响）的位置。内控点的测设应在基础工程完成后进行，先根据建筑物施工控制网点，校测建筑物轴线控制桩的桩位，看其是否移位变动。若无变化，依据轴线控制桩点，将轴线内控点测设到基础平面上，并埋设标志，一般是预埋一块小薄钢板，上面画以十字丝，交点上冲一小孔，作为轴线投测的依据。为了将基础层上的轴线点投测到各层楼面上，在内控点的垂直方向上的各层楼面预留 300mm×300mm 的传递孔（也叫垂准孔）。并在孔周围用砂浆做成 20mm 高的防水斜坡，以防投点时施工用水通过此孔流落到下方的仪器上。为保证投测精度，一般用专用的施工测量仪器激光铅垂仪进行投测。

如图 5-32 所示，投测时，安置激光铅垂仪于测站点（底层轴线内控点上），进行对中、整平，在对中时，打开对点激光开关，使激光束聚焦在测站基准点上，然后调整三脚架的高度，使圆水准气泡居中，以完成仪器对中操作，再利用脚螺旋调置水准管，使其在任何方向都居中，以完成仪器的整平，最终进行检查以确认仪器严格对中、整平，此时可将对点激光器关闭；同时在上层传递孔处放置网格激光靶，对其照准，打开垂准激光开关，会有一束激光从望远镜物镜中射出，并聚焦在靶上，激光光斑中心处的读数即为投测的观测值。这样即将基础底层内控点的位置投测到上层楼面，然后依据内控点与轴线点的间距，在楼层面上测设出轴线点，并将各轴线点依次相连即为建筑物主轴线，再根据主轴线在楼面上测设其他轴线，完成轴线的传递工作。按同样的方法逐层上传，但应注意，轴线投测时，要控制并检校轴线向上投测的竖直偏差值在本层内不得超过±5mm，整栋楼的累积偏差不超过±20mm。同时，还应用钢尺精确丈量投测的轴线点之间的距离，并与设计的轴线间距相比较，其相对误差对高层建筑而言不得低于1/10 000。否则，必须重新投测，直至达到精度要求为止。图 5-32（a）、（b）为向上投点，图 5-32（c）为向下投点。

（4）高层建筑物的高程传递。高层建筑施工中，要由下层楼面向上层传递高程，以使上层楼板、门窗、室内装修等工程的标高符合设计要求。楼面标高误差不得超过±10mm。传递高程的方法有以下几种。

1) 利用皮数杆传递高程。在皮数杆上自±0.000 标高线起，门窗、楼板、过梁等构件的标高都已标明。一层楼砌筑好后，则可从一层皮数杆起一层一层往上接，就可以把标高传递到各楼层。接杆时，要注意检查下层杆位置是否正确。

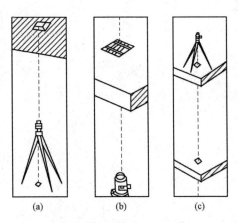

图 5-32　内控法轴线投测

(a)、(b) 向上投点；(c) 向下投点

2) 利用钢尺直接丈量。在标高精度要求较高时，可用钢尺沿某一墙角自±0.000 标高处起直接丈量，把高程传递上去。然后，根据下面传递上来的高程立皮数杆，作为该层墙身砌筑和安装门窗、过梁及室内装修、地坪抹灰时控制标高的依据。

3) 悬吊钢尺法（水准仪高程传递法）。根据高层建筑物的具体情况也可用水准仪高程传递法进行高程传递，不过此时需用钢尺代替水准尺作为数据读取的工具，从下向上传递高程。如图 5-33 所示，由地面已知高程点 A，向建筑物楼面 B 传递高程，先从楼面上（或楼梯间）悬挂一支钢尺，钢尺下端悬一重锤。观测时，为了使钢尺稳定，可将重锤浸于一盛满油的容器中。然后，在地面及楼面上各安置一台水准仪，按水准测量方法同时读取 a_1、b_1 及 a_2 读数，则可计算出楼面 B 上设计标高为 H_B 的测设数据 $b_2 = H_A + a_1 - b_1 + a_2 - H_B$，据此可采用测设已知高程的测设方法放样出楼面 B 的标高位置。

如图 5-34 所示，利用高层建筑中的传递孔（或电梯井等），在底层高程控制点上安置全站仪，置平望远镜（显示屏上显示垂直角为 0°或天顶距为 90°）。然后，将望远镜指向天顶方向（天顶距为 0°或垂直角为 90°），在需要传递高程的层面传递孔上安置反射棱镜，即可测得仪器横轴至棱镜横轴的垂直距离，加仪器高，减棱镜常数（棱镜面至棱镜横轴的间距），就可以算得两层面间的高差，据此即可计算出测量层面的标高，最后与该层楼面的设计标高相比较，进行调整即可。

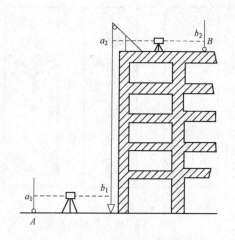

图 5-33　水准仪高程传递法

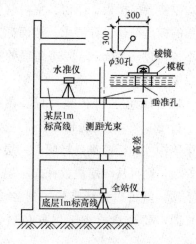

图 5-34　全站仪测距法传递高程

3. 高层建筑标高精度要求

（1）施工允许偏差。各种钢筋混凝土结构施工中的标高允许偏差（测量工作称为允许误差），见表 5-4。

表 5-4　　　　　　　　钢筋混凝土高层结构施工中标高允许偏差值

结构类型 标高偏差	现浇框架 框架 - 剪力墙	装配式框架 框架 - 剪力墙	大模板施工 混凝土墙体	滑模施工
每层（mm）	±10	±5	±10	±10
全高（mm）	±30	±30	±30	±30

（2）测量允许偏差。层间标高测量偏差不应超过±3mm，建筑全高（H）测量偏差不应超过 $3H/10000$，且不应大于

30m＜H≤60m	±10mm
60m＜H≤90m	±15mm
90m＜H≤120m	±20mm
120m＜H≤150m	±25mm
150m＜H	±30mm

十、工业厂房建筑施工测量

1. 厂房控制网的测设

厂房的定位应该是根据现场建筑方格网进行的。由于厂房多为排柱式建筑，

跨距和间距较大，但是隔墙少，平面布置比较简单，所以厂房施工中多采用由柱轴线控制桩组成的厂房矩形方格网作为厂房的基本控制网，这个厂房控制网是在建筑方格网下测设出来的。如图 5-35 中 Ⅰ、Ⅱ、Ⅲ、Ⅳ 为建筑方格网点，a、b、c、d 为厂房最外边的四条轴线的交点，其设计坐标为已知。A、B、C、D 为布置在基坑开挖范围以外的厂房矩形控制网的四个角点，称为厂房控制桩。厂房控制桩的坐标可根据厂房外轮廓轴线交点的坐标和设计间距 l_1、l_2 求出。首先，根据建筑方格网点 Ⅰ、Ⅱ 用直角坐标法精确测设 A、B 两点；然

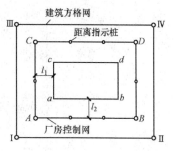

图 5-35 厂房控制网的测设

后，由 AB 测设 C 点和 D 点；最后，校核 $\angle DCA$、$\angle BDC$ 及 CD 边长，对一般厂房来说，误差不应超过 ±10″ 和 1/10 000。为了便于柱列轴线的测设，需在测设和检查距离的过程中，由控制点起沿矩形控制网的边上，按每隔 18m 或 24m 设置一桩，称为距离指标桩。

对于小型厂房，也可采用民用建筑的测设方法直接测设厂房四个角点，再将轴线投测到龙门板或控制桩上。

对于大型或基础设备复杂的厂房，则应先精确测设厂房控制网的主轴线，如图 5-36 中的 MON 和 POQ，再根据主轴线测设厂房控制网 ABCD。

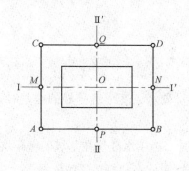

图 5-36 主轴线的测设

2. 柱列轴线测设与柱列基础放线

（1）柱列轴线的测设。根据厂房柱列平面图（图 5-37）上设计的柱间距和柱跨距的尺寸，使用距离指标桩，用钢尺沿厂房控制网的边逐段测设距离，以定出各轴线控制桩，并在桩顶钉小钉以示点位。相应控制桩的连线即为柱列轴线（又称定位轴线），并应注意变形缝等处特殊轴线的尺寸变化，按照正确尺寸进行测设。

（2）柱基的测设。将两架经纬仪分别安置在纵、横轴线控制桩上，交会出柱基定位点（即定位轴线的交点）。再根据定位点和定位轴线，按基础详图（图 5-38）上的尺寸和基坑放坡宽度，放出开挖边线，并撒上白灰标明。同时，在基坑外的轴线上，离开挖边线约 2m 处，各打入一个基坑定位小木桩，桩顶钉小钉作为修坑和立模的依据。

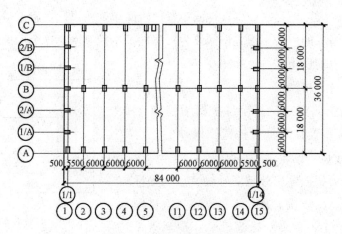

图 5-37 柱列轴线的测设

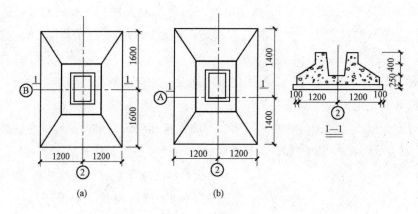

图 5-38 基础详图

由于定位轴线不一定是基础中心线，故在测设外墙、变形缝等处的柱基时，应特别注意。

（3）基坑的高程测设。当基坑挖到一定深度时，再用水准仪在基坑四壁距坑底设计标高 0.3～0.5m 处设置水平桩，作为检查坑底标高和打垫层的依据。

3. 柱子安装测量

（1）安装前的准备工作。

1）在基础轴线控制桩上置经纬仪，检测每个柱子基础（一种杯形构筑物，如图 5-39 所示）中心线偏离轴线的偏差值，是否在规定的限差以内。检查无误后，用墨线将纵、横轴线标出在基础面上。

2）检查各相邻柱子的基础轴线间距，其与设计值的偏差不得大于规定的

118

限差。

3）利用附近的水准点，对基础面及杯底的标高进行检测。基础面的设计标高一般为－0.5m，检测到的不符值不得超过±3mm；杯底检测标高的限差与基础面相同。超过限差的，要对基础进行修整。

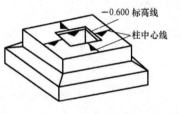

图5-39　杯形构筑物

4）在每根柱子的两个相邻侧面上，用墨线弹出柱中线，并根据牛腿面的设计标高，自牛腿面向下精确地量出±0.000及－0.600标志线，如图5-40所示。

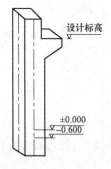

图5-40　画出标志线

（2）柱子安装测量。安装柱子的要求如下。

1）位置准确。柱中线对轴线位移不得大于5mm。

2）柱身竖直。柱顶对柱底的垂直度偏差，当柱高$H \leqslant 5m$时，不得大于5mm，$5m < H \leqslant 10m$时，不得大于10mm；$H > 10m$时，不得大于$H/1000$，但不超过25mm。

3）牛腿面在设计的高度上。其允许偏差为－5mm。

在安装时，柱中线与基础面已弹出的纵、横轴线应重合，并使－0.600的标志线与杯口顶面对齐后将其固定。

测定柱子的垂直偏差量时，在纵、横轴线方向上的经纬仪，分别将柱顶中心线投点至柱底。根据纵、横两个方向的投点偏差，计算偏差量和垂直度。

（3）柱子的校正。

1）柱子的水平位置校正。柱子吊入杯口后，使柱子中心线对准杯口定位线，并用木楔或钢楔作临时固定，如果发现错动，可用敲打楔块的方法进行校正，为了便于校正时使柱脚移动，事先在杯中放入少量粗砂。

2）柱子的铅直校正。如图5-41所示，将两架经纬仪分别安置在纵、横轴线附近，离柱子的距离约为1.5倍柱高。先瞄准柱脚中线标志符号，固定照准部并逐渐抬高望远镜，若柱子上部的中线标志符号在视线上，则说明柱子在这一方向上是竖直的；否则，应进行校正。校正的方法有敲打楔块法、变换撑杆长度法以及千斤顶斜顶法等。根据具体情况采用适当的校正方法，使柱子在两个方向上都满足铅直度要求为止。

实际工作中，常把成排柱子都竖起来，这时可把经纬仪安置在柱列轴线的一侧，使得安置一次仪器能校正数根柱子。为了提高校正的精度，视线与轴线的夹角不得大于15°。

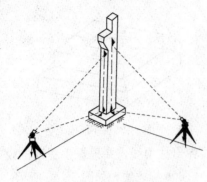

图5-41 柱子的铅直校正

3）柱子铅直校正的注意事项。

①校正用的经纬仪必须经过严格的检查和校正。操作时，要注意照准部水准管气泡严格居中。

②柱子的垂直度校正好后，要复查柱子下部中心线是否仍对准基础定位线。

③在校正截面有变化的柱子时，经纬仪必须安置在柱列轴线上，以防差错。

④避免在日照下校正，应选择在阴天或早晨，以防由于温度差使柱子向阴面弯曲，影响柱子校正工作。

4. 吊车梁、轨安装测量

（1）准备工作。

1）首先根据厂房中心线 AA' 及两条吊车轨道间的跨距，在实地上测设出两边轨道中心线 A_1A_1' 及 A_2A_2'，如图5-42所示。并在这两条中心线上适当地测设一些对应的点1，2，…，以便于向牛腿面上投点。这些点必须位于直线上，并应检查其间跨是否与轨距一致。然后，在这些点上置经纬仪，将轨道中心线投射到牛腿面上，并用墨线在牛腿面上弹出中心线。

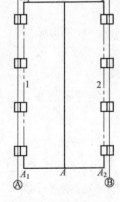

2）在预制好的钢筋混凝土梁的顶面及两个端面上，用墨线弹出梁中心线，如图5-43所示。

3）根据基础面的标高，沿柱子侧面用钢尺向上量

图5-42 测设轨道中心线

出吊车梁顶面的设计标高线（也可量出比梁面设计标高线高5～10cm的标高线），供修整梁面时控制梁面标高用。

（2）吊车梁安装测量。

1）安装吊车梁时，只要使吊车梁两个端面上的中心线，分别与牛腿面上的中心线对齐即可，其误差应小于3mm。

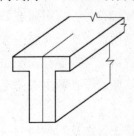

图5-43 画出梁中心线

2）吊车梁安装就位后，要根据梁面设计标高对梁面进行修整，对梁底与牛腿面间的空隙进行填实等处理。而后用水准仪检测梁面标高（一般每3m测一点），其与

设计标高的偏差不应大于±5mm。

3）安装好吊车梁后，在安装吊车轨前还要对吊车梁中心线进行一次检测，检测时通常用平行线法。如图 5-44 所示，在离轨道中心线 A_1A' 间距为 1m 处，测设一条平行线 aa'。为了便于观测，在平行线上每隔一定距离再设置几个观测点。将经纬仪置于平行线上，后视端点 a 或 a' 后向上投点，使一人在吊车梁上横置一木尺对点。当望镜十字丝中心对准木尺上的 1m 读数时，尺的零点处即为轨道中心。用这样的方法，在梁面上重新定出轨道中心线，供安装轨道用。

（3）轨道安装测量。

1）吊车梁中心线检测无误后，即可沿中心线安放轨道垫板。垫板的高度应该根据轨道安装后的标高偏差不大于±2mm 来确定。

2）轨道应按照检测后的中心线安装，在固定前，应进行轨道中心线、跨距和轨顶标高检测。

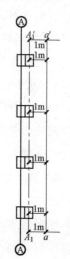

图 5-44　量出设计标高线

轨道中心线的检测方法与梁中心线检测方法相同，其允许偏差为±2mm。

跨距检测方法是在两条轨道的对称点上，直接用钢尺精确丈量，检测的位置应在轨道的两端点和中间点，但最大间隔不得大于 15m。实量与设计值的偏差不得超过±（3～5）mm。

轨顶标高（安装好后的）根据柱面上已定出的标高线，用水准仪进行检测。检测位置应在轨道接头处及中间每隔 5m 左右处。轨顶标高的偏差值不应大于±2mm。

5. 屋架安装测量

屋架安装是以安装后的柱子为依据的。在屋架安装前，先要根据柱面上的±0.000 标高线找平柱顶。屋架吊装定位时，应使屋架中心线与柱子上相应的中心线对齐。

屋架吊装就位后，应用经纬仪（安置在屋架轴线方向上）投点的方法将屋架调整至竖直位置。在固定屋架的过程中，一直要用经纬仪对屋架的竖直度进行监测。

十一、建筑物的变形观测

1. 变形观测特点和基本措施

（1）变形观测的特点。

1）精度要求高。为了能准确地反映出建（构）筑物的变形情况，一般规定测量的误差应小于变形量的 1/10～1/20。为此，变形观测中应使用精密水准仪（S1、S05）、精密经纬仪（J2、J1）和精密的测量方法。

2）观测时间性强。各项变形观测的首次观测时间必须按时进行，否则得不到原始数据，而使整个观测失去意义。其他各阶段的复测，也必须根据工程进展定时进行，不得漏测或补测，这样才能得到准确的变形量及其变化情况。

3）观测成果要可靠，资料要完整。这是进行变形分析的需要，否则得不到符合实际的结果。

（2）变形观测的基本措施。为了保证变形观测成果的精度，除按规定时间一次不漏地进行观测外，在观测中应采取"一稳定、四固定"的基本措施。

1）一稳定。一稳定是指变形观测依据的基准点、工作基点和被观测物上的变形观测点，其点位要稳定。基准点是变形观测的基本依据，每项工程至少要有 3 个稳固、可靠的基准点，并每半年复测一次；工作基点是观测中直接使用的依据点，要选在距观测点较近但比较稳定的地方。对通视条件较好或观测项目较少的高层建筑，可不设工作基点，而直接依据基准点观测。变形观测点应设在被观测物上最能反映变形特征且便于观测的位置。

2）四固定。四固定是指所用仪器、设备要固定；观测人员要固定；观测的条件、环境基本相同；观测的路线、镜位、程序和方法要固定。

2. 沉降观测

建筑物施工过程中，随着上部结构的逐步建成、地基荷载的逐步增加，建筑物产生下沉现象。建筑物的下沉是逐渐产生的，并将延续到竣工交付使用后的相当长一段时期。因此建筑物的沉降观测应按照沉降产生的规律进行。沉降观测在高程控制网的基础上进行。

在建筑物周围一定距离、基础稳固、便于观测的地方，布设一些专用水准点，在建筑物上能反映沉降情况的位置设置一些沉降观测点，根据上部荷载的加载情况，每隔一定时期观测水准点与沉降观测点之间的高差一次，据此计算与分析建筑物的沉降规律。

（1）专用水准点的设置。专用水准点分为水准基点和工作基点。

1）每一个测区的水准基点不应少于 3 个，对于小测区，当确认点位稳定可靠时可少于 3 个，但连同工作基点不得少于 2 个。水准基点的标石，应埋设在基岩层或原状土层中。在建筑区内，点位与邻近建筑物的距离应大于建筑物基础最大宽度的两倍，其标石埋深应大于邻近建筑物基础的深度。在建筑物内部的点位，其标石埋深应大于地基土压层的深度。水准基点的标石，可根据点位所在处的不同地质条件选埋基岩水准基点标石［图 5 - 45（a）］、深埋钢管水准基点标石［图 5 - 45（b）］、深埋双金属管水准基点标石［图 5 - 45（c）］、混凝土基点水准标石［图 5 - 45（d）］。

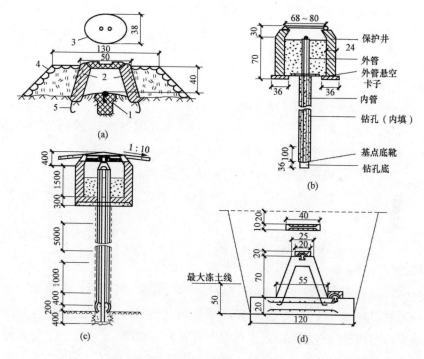

图 5 - 45　水准基点标石（单位：cm）

（a）基岩水准基点标石；（b）深埋钢管水准基点标石；

（c）深埋双金属管水准基点标石；（d）混凝土基点水准标石

1—抗蚀的金属标志；2—钢筋混凝土井圈；3—井盖；4—砌石土丘；5—井圈保护层

2）工作基点与联系点布设的位置应视构网需要确定。工作基点位置与邻近建筑物的距离不得小于建筑物基础深度的 1.5～2.0 倍。工作基点与联系点也可设置在稳定的永久性建筑物墙体或基础上。工作基点的标石，可按点位的不同要

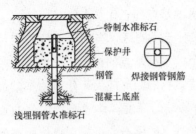

图 5-46 工作基点标石

求选埋浅埋钢管水准标石（图 5-46）、混凝土普通水准标石或墙角、墙上水准标志等。

水准标石埋设后，应达到稳定后方可开始观测。稳定期根据观测要求与测区的地质条件确定，一般不宜少于 15d。

（2）沉降观测点的设置。在建筑物上布设一些能全面反映建筑物地基变形特征的点位，并结合地质情况及建筑结构特点确定点位，点位宜选择在下列位置。

1）建筑物的四角、大转角处及沿外墙每 10～15m 处或每隔 2～3 根柱基上。

2）高层建筑物、新旧建筑物及纵横墙等交接处的两侧。

3）建筑物裂缝和沉降缝两侧、基础埋深相差悬殊处、人工地基与天然地基接壤处、不同结构的分界处及填挖方分界处。

4）宽度不小于 15m 而地质复杂以及膨胀土地区的建筑物，在承重内隔墙中部设内墙点，在室内地面中心及四周设地面点。

5）邻近堆置重物处、受振动有显著影响的部位及基础下的暗浜（沟）处。

6）框架结构建筑物的每个或部分柱基上或沿纵横轴线设点。

7）筏形基础、箱形基础底板或接近基础的结构部分四角处及其中部位置。

8）重型设备基础和动力设备基础的四角、基础形式或埋深改变处以及地质条件变化处两侧。

9）电视塔、烟囱、水塔、油罐、炼油塔、高炉等高耸建筑物，沿周边在与基础轴线相交的对称位置上布点，点数不少于 4 个。

沉降观测标志，可根据不同的建筑结构类型和建筑材料，采用墙（柱）标志、基础标志和隐蔽式标志（用于宾馆等高级建筑物），各类标志的立尺部位应加工成半球形或有明显的突出点，并涂上防腐剂，如图 5-47 所示。标志埋设位置应避开雨水管、窗台线、暖气片、暖水片、暖水管、电气开关等有碍设标与观测的障碍物，并应视立尺需要离开墙（柱）面和地面一定距离。

（3）高差观测。高差观测宜采用水准测量方法，要求如下。

1）水准网的布设。对于建筑物较少的测区，宜将水准点连同观测点按单一层次布设；对于建筑物较多且分散的大测区，宜按两个层次布网，即由水准点组成高程控制网、观测点与所联测的水准点组成扩展网。高程控制网应布设为闭合环、结点网或附合高程路线。

2）水准测量的等级划分。水准测量划分为特级、一级、二级和三级。各级

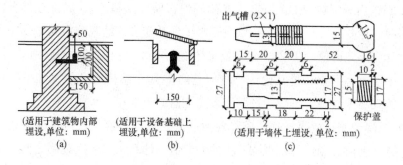

图 5 - 47　沉降观测点标志

（a）窨井式标志；（b）盒式标志；（c）螺栓式标志

水准测量的观测限差列于表 5 - 5 中，视线长度、前后视距差、视线高度应符合表 5 - 6 的规定。

表 5 - 5　　　　　　　　　　　水准观测限差

等级		基辅分划 （黑红面） 读数之差	基辅分划 （黑红面） 所测高差之差	往返较差及 附合或环线 闭合差	单程双测站 所测高差 较差	检测已测 测段高差 之差
特级		0.15	0.2	$\leqslant 0.1\sqrt{n}$	$\leqslant 0.07\sqrt{n}$	$\leqslant 0.15\sqrt{n}$
一级		0.3	0.5	$\leqslant 0.3\sqrt{n}$	$\leqslant 0.2\sqrt{n}$	$\leqslant 0.45\sqrt{n}$
二级		0.5	0.7	$\leqslant 1.0\sqrt{n}$	$\leqslant 0.7\sqrt{n}$	$\leqslant 1.5\sqrt{n}$
三级	光学测微器法	1.0	1.5	$\leqslant 3.0\sqrt{n}$	$\leqslant 2.0\sqrt{n}$	$\leqslant 4.5\sqrt{n}$
	中丝读数法	2.0	3.0			

注：表中 n 为测站数。

表 5 - 6　　　　水准观测的视线长度、前后视距差、视线高度　　　　　单位：m

等级	视线长度	前后视距差	前后视距累积差	视线高度	观测仪器
特级	$\leqslant 10$	$\leqslant 0.3$	$\leqslant 0.5$	$\leqslant 0.5$	DSZ05 或 DS05
一级	$\leqslant 30$	$\leqslant 0.7$	$\leqslant 1.0$	$\leqslant 0.3$	
二级	$\leqslant 50$	$\leqslant 2.0$	$\leqslant 3.0$	$\geqslant 0.2$	DS1 或 DS05
三级	$\leqslant 75$	$\leqslant 5.0$	$\leqslant 8.0$	三丝能读数	DS3 或 DS1，DS05

　　3）水准测量精度等级的选择。水准测量的精度等级是根据建筑物最终沉降量的观测中的误差来确定的。

　　建筑物的沉降量分为绝对沉降量 s 和相对沉降量 Δs。绝对沉降的观测中误差 ms，按低、中、高压缩性地基土的类别，分别选 ± 0.5mm、± 1.0mm、

±2.5mm；相对沉降（如沉降差、基础倾斜、局部倾斜等）、局部地基沉降（如基础回弹、地基土分层沉降等）以及膨胀土地基变形等的观测中误差 $m\Delta s$，均不应超过其变形允许值的 1/20；建筑物整体变形（如工程设施的整体垂直挠曲等）的观测中误差，不应超过其允许垂直偏差的 1/10；结构段变形（如平置构件挠度等）的观测中误差，不应超过其变形允许值的 1/6。

4）沉降观测的成果处理。沉降观测成果处理的内容是，对水准网进行严密平差计算，求出观测点每期观测高程的平差值，计算相邻两次观测之间的沉降量和累积沉降量，分析沉降量与增加荷载的关系。表 5-7 列出了某建筑物上 6 个观测点的沉降观测结果，图 5-48 是根据表 5-7 的数据绘出的各观测点的沉降、荷重与时间关系曲线图。

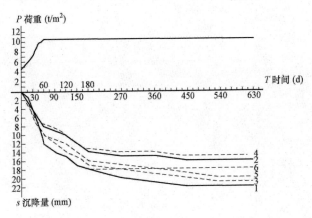

图 5-48　建筑物的沉降、荷重、时间关系曲线图

3. 倾斜观测

（1）观测内容。

1）建（构）筑物竖向倾斜观测。一般要在进行倾斜监测的建（构）筑物上设置上、下二点或上、中、下多点观测标志，各标志应在同一竖直面内。用经纬仪正倒镜法，由上而向下投测各观测点的位置，然后根据高差计算倾斜量；或以某一固定方向为后视，用测回法观测各点的水平角及高差，再进行倾斜量的计算。

2）建（构）筑物不均匀下沉对竖向倾斜影响的观测。这是高层建筑中最常见的倾斜变形观测，利用沉降观测的数据和观测点的间距，即可计算由于不均匀下沉对倾斜的影响。

（2）观测要点。在进行观测之前，首先要在进行倾斜观测的建筑物上设置上、

表 5-7　某建筑物 6 个观测点的沉降观测结果

观测日期 年月日	荷重 (t/m²)	观测点																
		1			2			3			4			5			6		
		高程 (m)	本次下沉 (mm)	累计下沉 (mm)	高程 (m)	本次下沉 (mm)	累计下沉 (mm)	高程 (m)	本次下沉 (mm)	累计下沉 (mm)	高程 (m)	本次下沉 (mm)	累计下沉 (mm)	高程 (m)	本次下沉 (mm)	累计下沉 (mm)	高程 (m)	本次下沉 (mm)	累计下沉 (mm)
1997.4.20	4.5	50.157	±0	±0	50.154	±0	±0	50.155	±0	±0	50.155	±0	±0	50.156	±0	±0	50.154	±0	±0
5.5	5.5	50.155	-2	-2	50.153	-1	-1	50.153	-2	-2	50.154	-1	-1	50.155	-1	-1	50.152	-2	-2
5.20	7.0	50.152	-3	-5	50.150	-3	-4	51.151	-2	-4	50.153	-1	-2	50.151	-4	-5	50.148	-4	-6
6.5	9.5	50.148	-4	-9	50.148	-2	-6	50.147	-4	-8	50.150	-3	-5	50.148	-3	-8	50.146	-2	-8
6.20	10.5	50.145	-3	-12	50.146	-2	-8	50.143	-4	-12	50.148	-2	-7	50.146	-2	-10	50.144	-2	-10
7.20	10.5	50.143	-2	-14	50.145	-1	-9	50.141	-2	-14	50.147	-1	-8	50.145	-1	-11	50.142	-2	-12
8.20	10.5	50.142	-1	-15	50.144	-1	-10	50.140	-1	-15	50.145	-2	-10	50.144	-1	-12	50.140	-2	-14
9.20	10.5	50.140	-2	-17	50.142	-2	-12	50.138	-2	-17	50.143	-2	-12	50.142	-2	-14	50.139	-1	-15
10.20	10.5	50.139	-1	-18	50.140	-2	-14	50.137	-1	-18	50.142	-1	-13	50.140	-2	-16	50.137	-2	-17
1998.1.20	10.5	50.137	-2	-20	50.139	-1	-15	50.137	±0	-18	50.142	±0	-13	50.139	-1	-17	50.136	-1	-18
4.20	10.5	50.136	-1	-21	50.138	±0	-15	50.136	-1	-19	50.141	-1	-14	50.138	-1	-18	50.136	±0	-18
7.20	10.5	50.135	-1	-22	50.138	±0	-16	50.135	-1	-20	50.140	±0	-15	50.137	-1	-19	50.136	±0	-18
10.20	10.5	50.135	±0	-22	50.138	±0	-16	50.134	-1	-21	50.140	±0	-15	50.136	-1	-20	50.136	±0	-18
1999.1.20	10.5	50.135	±0	-22	50.138	±0	-16	50.134	±0	-21	50.140	±0	-15	50.136	±0	-20	50.136	±0	-18

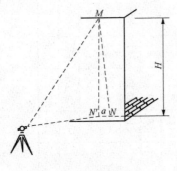

图 5-49　倾斜观测

下两点或上、中、下三点标志，作为观测点，各点应位于同一垂直视准面内。如图 5-49 所示，M、N 为观测点。如果建筑物发生倾斜，MN 将由垂直线变为倾斜线。观测时，经纬仪的位置距离建筑物应大于建筑物的高度，瞄准上部观测点 M，用正倒镜法向下投点得 N'，如 N' 与 N 点不重合，则说明建筑物发生倾斜，以 a 表示 N'、N 之间的水平距离，a 即为建筑物的倾斜值。若以 H 表示其高度，则倾斜度为

$$i = \arcsin \frac{\alpha}{H} \tag{5-12}$$

高层建筑物的倾斜观测，必须分别在互成垂直的两个方向上进行。

当测定圆形构筑物（如烟囱、水塔、炼油塔）的倾斜度时（图 5-50），首先要求得顶部中心对底部中心的偏距。为此，可在构筑物底部放一块木板，木板要放平、放稳。用经纬仪将顶部边缘两点 A、A' 投影至木板上而取其中心 A_0，再将底部边缘上的两点 B 与 B' 也投影至木板上而取其中心 B_0，$A_0 B_0$ 之间的距离 n 就是顶部中心偏离底部中心的距离。同法，可测出与其垂直的另一方向

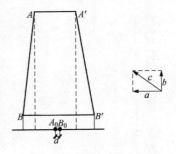

图 5-50　偏心距观测

上顶部中心偏离底部中心的距离 b_0。再用矢量相加的方法，即可求得建筑物总的偏心距，即倾斜值，即

$$c = \sqrt{a^2 + b^2} \tag{5-13}$$

构筑物的倾斜度为

$$i = \frac{c}{H} \tag{5-14}$$

4. 裂缝观测

建筑物发现裂缝，除了要增加沉降观测的次数外，应立即进行裂缝变化的观测。为了观测裂缝的发展情况，要在裂缝处设置观测标志。设置标志的基本要求是：当裂缝展开时，标志就能相应地开裂或变化，正确地反映建筑物裂缝发展情况。其形式有下列三种。

（1）石膏板标志。用厚 10mm、宽 50～80mm 的石膏板（长度视裂缝大小而

定），在裂缝两边固定。当裂缝继续发展时，石膏板也随之开裂，从而观察裂缝继续发展的情况。

（2）白铁片标志。如图 5-51 所示，用两块白铁片，一片取 150mm×150mm 的正方形，固定在裂缝的一侧，并使其一边和裂缝的边缘对齐。另一片为 50mm ×200mm，固定在裂缝的另一侧，并使其中一部分紧贴相邻的正方形白铁片。当两块白铁片固定好以后，在其表面均涂上红色油漆。如果裂缝继续发展，两白铁片将逐渐拉开，露出正方形白铁上原被覆盖没有涂油漆的部分，其宽度即为裂缝加大的宽度，可用尺子量出。

（3）金属棒标志（图 5-52）。在裂缝两边凿孔，将长约 10cm、直径 10mm 以上的钢筋头插入，并使其露出墙外约 2cm，用水泥砂浆填灌牢固。在两钢筋头埋设前，应先把钢筋一端锉平，在上面刻画十字线或中心点，作为量取其间距的依据。待水泥砂浆凝固后，量出两金属棒之间的距离，并记录下来。以后如果裂缝继续发展，则金属棒的间距也就不断加大。定期测量两棒间距并进行比较，即可掌握裂缝展开情况。

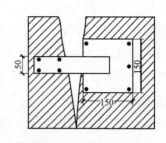

图 5-51　白铁片标志

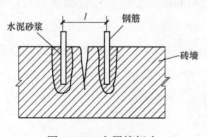

图 5-52　金属棒标志

5. 位移观测

（1）观测方法。当建筑物在平面上产生位移时，为了进行位移测量，应在其纵横方向上设置观测点及控制点。如已知其位移的方向，则只在此方向上进行观测即可。观测点与控制点应位于同一直线上，控制点至少须埋设三个，控制点之间的距离及观测点与

相邻的控制点间的距离要大于 30m，以保证测量的精度。如图 5-53 所示，A、B、C 为控制点，M 为观测点。控制点必须埋设牢固稳定的标桩，每次观测前，对所使用的控制点应进行检查，以防止其变化。建筑物上的观测点标志要牢固、明显。

位移观测可采用正倒镜投点的方法求出位移值，也可采用测角的方法。如图 5-53 所示，设第一次在 A 点所测的角度为 β_1，第二次测得的角度为 β_2，两次观测角

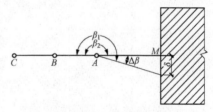

图 5-53　位移观测

度的差数 $\Delta\beta = \beta_2 - \beta_1$，则建筑物的位移值

$$\delta = \frac{\Delta\beta \times AM}{\rho} \qquad (5-15)$$

式中 ρ——206 265″。

位移测量的容许误差为 ±3mm，进行重复观测评定。

（2）观测要点。

1）护坡桩的位移观测。无论是钢板护坡桩还是混凝土护坡桩，在基坑开挖后，由于受侧压力的影响，桩身均会向基坑方向产生位移，为监测其位移情况，一般要在护坡桩基坑一侧 500mm 左右设置平行控制线，用经纬仪视准线法，定期进行观测，以确保护坡桩的安全。

2）日照对高层建（构）筑物上部位移变形的观测。这项观测对施工中如何正确控制高层建（构）筑物的竖向偏差具有重要作用。观测随建（构）筑物施工高度的增加，一般每 30m 左右实测一次。实测时应选在日照有明显变化的晴天天气进行，从清晨起每 1h 观测一次，至次日清晨，以测得其位移变化数值与方向，并记录向阳面与背阳面的温度。竖向位置以使用天顶法为宜。

3）建筑物本身的位移观测。由于地质或其他原因，当建筑物在平面位置上发生位移时，应根据位移的可能情况，在其纵向和横向上分别设置观测点和控制线，用经纬仪视准线法或小角度法进行观测。和沉降观测一样，水平位移观测也分为 4 个等级，各等级的适用范围同表 5-8，各等级的变形点的点位中误差分别为：一等为 ±1.5mm，二等为 ±3.0mm，三等为 ±6.0mm，四等为 ±12.0mm。

表 5-8　　　　　　　　沉降观测点的等级、精度要求和观测方法

等级	标高中误差（mm）	相邻点高差中误差（mm）	适用范围	观测方法	往返较差、附合或环线闭合差（mm）
一等	±0.3	±0.1	变形特别敏感的高层建筑，高耸构筑物、重要古建筑等	参照国家一等水准测量外，尚需双转点，视线不大于15m，前后视距差 ≤0.3m，视距累积差不大于1.5m	$0.15\sqrt{n}$
二等	±0.5	±0.3	变形比较敏感的高层建筑，高耸构筑物、古建筑和重要建筑场地的滑坡监测等	一等水准测时	$0.30\sqrt{n}$

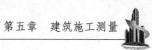

等级	标高中误差（mm)	相邻点高差中误差（mm)	适用范围	观测方法	往返较差、附合或环线闭合差（mm)
三等	±1.0	±0.5	一般性的高层建筑、高耸构筑物、滑坡监测等	二等水准测量	$0.60\sqrt{n}$
四等	±2.0	±1.0	观测精度要求较低的建筑物、构筑物和滑坡监测等	三等水准测量	$1.40\sqrt{n}$

第六章

市政工程施工测量

一、市政工程施工测量准备及施工图识读

1. 市政工程施工测量准备工作

（1）市政工程施工测量的基本任务与主要内容。市政工程施工测量的基本任务是依据施工设计图纸，遵循测量工作程序和方法，为施工提供可靠的施工标志。其主要工作是确定路、桥、管线以及构筑物等的"三维"空间位置，即平面位置（y，x）和高程（H），作为施工的依据。

以道路工程与管线工程为例，施工测量的主要工作内容如下。

1）校测和加密施工控制桩，如校核导线点或测设控制桩，校测水准点向现场引测施工水准点，并做好桩点的保护工作。

2）根据控制桩恢复或测设道路与管线的中线。

3）按照"精度符合要求，方便施工"的原则为施工提供控制中线、边线与高程的各种标志，作为施工的依据。

4）记录施工测量成果，为竣工图积累资料。

（2）市政工程施工测量前的准备工作。

1）建立满足施工需要的测量管理体系，做到人员落实且分工明确，并建立科学、可行的放线和验线制度。

2）配备与工程规模相适应的测量仪器，并按规定进行检定、检校。

3）了解设计意图、学习和校核设计图纸，核对有关的测设数据及相互关系。

·4）察看施工现场，了解地下构筑物情况。

5）编制施工测量方案，明确测量精度，测量顺序以及配合施工、服务施工的具体测量工作要求。

6）以满足施工测量为前提，建立平面与高程控制体系，对于已建立导线系统的道路工程与管线工程，要在接桩后进行复测并提交复测结果。

7）对于开工前现场现状地面高程要进行实测，与设计给定的高程有出人者，要经业主代表和监理工程师认可。

（3）学习与校核设计图纸时重点注意的问题。

1）校核总图与工程细部图纸的尺寸、位置的对应关系是否相符，有无矛盾的地方。如：路线图与桥梁图纸之间的位置关系，平面图与纵、横断面图的关系，厂站总平面图与具体构筑物的关系等。

2）校核同一类设计图纸中给定的条件是否充分，数据是否准确，文字和图面表述是否清楚等。如：线路的桩号是否连续，定线的条件是否已无矛盾，各相关工程的相互位置关系是否正确，总尺寸与分尺寸是否相符，各层次的尺寸与高程的标识是否一致等。

3）校核地下勘探资料与图纸上的表述，与施工现场是否相符，特别是原有地下管线与设计管线之间的关系是否明确。

（4）施工前对施工部位现状地面高程的复测及土方量的复算。施工前对现状地面高程进行复测是获得合同外工程签证（即索赔）的依据，也是市政工程计量支付中甲乙双方十分关注的热点之一。对此，施工单位、监理单位要以足够的人力和精力认真施测，且做到施工方、监理和业主三方共同签认测量结果。

测量土方量多采用横断面法和方格网平整场地方法。横断面法是计算平均横断面面积乘以间距得到的。对于面积大的场地，采用方格网法。

（5）市政工程施工测量方案应包括的主要内容：市政工程施工测量方案是指导施工测量的指导性文件，在正式施测前要进行施工测量方案的编制，且做到针对性强、预控性强、措施具体可行。

1）工程测量技术方案一般应包括下列内容。

①工程概况。

②质量目标，测量误差分析和控制精度设计。

③工程的平面控制网与高程控制网设计。

④测量作业的程序和细部放线的工作方法。

⑤为配合特殊工程的施工测量工作所采取的相应措施。

⑥工程进行所需与工程测量有关的各种表格的表样及填写的相应要求。

⑦符合控制精度要求的仪器、设备的配置。

2）现将××桥梁施工测量方案目录例示于下，可供编制市政工程测量方案时参考。

①工程概况。

②平面控制网的布置。

③高程控制网的布置。

④墩台定位。

a. 测设的方法。

b. 使用角度交会法复核。

c. 成果的确定。

⑤工程细部的测设方法。

⑥人员、仪器的配备。

⑦测量桩点的接交与保护措施，放线工作与验收工作管理制度等。

⑧注意事项和急需解决的问题。

2. 市政工程施工图的测量内容识读

（1）城市道路、公路带状平面设计图的基本内容与识读要点。

1）道路平面设计图的作用。主要表示道路的平面位置、工程内容、设计意图以及某些项目的具体做法。

2）道路平面设计图的基本内容与识读要点。

①道路位置的控制线及主体部分的界限道路的规划中心线，建筑红线，施工中线，线位控制点坐标，路面边线，征地或拆迁物边线，高程控制点的位置和高程。

②道路设计的平面布置情况，如路面、人行道、树池、路口、交叉道路处理，广场、停车场、边沟、弯道加宽，缓和曲线范围及布置情况等。

③构筑物及附属工程的平面位置和布置情况及对现有各种设施的处理情况，如桥梁、涵洞、立交桥、挡土墙护岸、护栏、台阶、各种排水设施以及现有地上杆线、树木、房屋、地下管缆及地下地上各种构造物拆除、改建、加固等措施。

④与其他设计配合和同时施工的建设项目的关系、配合内容等。

⑤各种尺寸关系：上述四项的中线或里程的相对关系尺寸，平面布置的尺寸，路线及路口平曲线要素以及应控制的高程及坡度等。

⑥文字注释：有关各项设计内容的名称，设计意图，形式、做法要求及必要的设计数据。

⑦图标表明设计单位、设计人、比例尺、出图时间等。

（2）城市道路、公路纵断面设计图的基本内容与识读要点：道路纵断面设计图主要表明道路主体的竖向设计及与地形地物竖向配合的情况。道路纵断面图包括图样和资料表两个部分。图样在图纸上方，资料表在图纸下方，上下一一对应。道路纵断面设计图的基本内容与识读要点如下。

1）图样部分。是路中线纵断面图（水平方向表示路线长度，竖直方向表示路线高程），主要内容有以下几个方面。

①现况地面线及道路中线的设计坡度线。

②竖曲线位置及曲线要素：变坡点桩号与高程、曲线起点及终点桩号、半径 R、外距 E、切线长 T 和竖曲线凸凹形式。

③桥涵构筑物名称、种类、尺寸及中心里程桩号。

④水准点编号、位置、高程。

⑤地质钻探资料：土质、天然含水量、相对湿度及液限、地下水位线。

⑥排水边沟纵断面设计线及坡向、坡度注记。

⑦沿线建（构）筑物的基础地平线或公共设施的高程与路线纵断填挖方有关的处理措施。

⑧地下管线和道路附属构筑物的类型、位置和高程情况。

2）资料表。是对应于纵断面设计图形的计算而编制的，主要内容有以下几个方面。

①桩号整数里程桩和加桩（包括断链情况）。

②坡度与坡长（距离）。

③高程地面高、路面设计高、挖填高度。

④平曲线沿路线前进方向有左转弯曲线和右转弯曲线，并标出平曲线要素。

（3）城市道路、公路横断面设计图的基本内容与识读要点。

1）横断面设计图的作用。横断面设计图是确定全线或各路段的横断布置及各部尺寸。

2）横断面设计图的基本内容与识读要点。

①街道或路基宽度、建筑红线宽度、施工界线（或边线）。

②机动车道、非机动车道、人行道（或路肩）、分车带、绿地带宽度及边沟断面尺寸等。

③路拱形式、路拱曲线线形及其计算公式、曲线与直线坡的连接关系，横坡度和坡向。

④道路缘石规格和设置形式。

⑤路面结构局部大样图。

⑥照明灯杆及植树绿化位置关系。

⑦地下管缆断面形式、尺寸、高程及其中心离开施工中线的距离。

⑧施工中线与永久中线及原路中线的关系。标准施工横断面与规划横断面、原路横断面之间的位置关系。

⑨文字注释。不同标准断面图，标有所在路段和起止桩号，对各组成部分必要的说明，或有关各断面设计的统一说明文字注在图幅的适当位置。

（4）校核城市道路、公路的平面、纵断面与横断面的关系。从工程施工角度出发，阅读和校核施工图，以了解设计意图，熟悉设计图内容，提出有关设计图中的疑问和建议，对平、纵、横设计图纸可能存在不相符之处进行校核。

1）通读工程的全套施工图，了解工程全貌、工程规模，主要工程项目和内容，主要工程数量，工程概（预）算等。

2）中线里程的校核。由于里程桩号的连续性，若整个路线中有一处桩号有问题，则在其后的各里程桩号，必然出现断链而影响全局。因此，必须重视该项校核工作。

当各交点均有已知坐标，可用坐标反算方法，核算各交点的间距与转折角是否有误；当各交点没有坐标值，则应由路线起点（0+000）起，先校核各交点处的曲线要素（L、T、C、E、M 及校正值 J）与各主点桩号均无误后，再用下式校核各交点间距 D_{ij} 与路线终点桩号是否正确。

①交点间距 D_{ij} 的计算与校核如图 6-1 所示。

JD7～JD8 间距离 $D_{78} = T_7 + （ZY8 桩号 - YZ7 桩号）+ T_8$

计算校核：

$$D_{78} = JD8 桩号 - JD7 桩号 + J_7$$

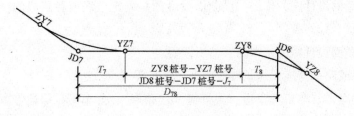

图 6-1　交点间距

②线路总长度的计算校核。当线路起点桩号为 0+000 时，则

$$\genfrac{}{}{0pt}{}{线路总长度的}{计算校核} = \sum D（各交点间距的总和）- \sum J（各交点处校正值总和）$$

3）平面图线型设计。例如，街道（路基）宽度，道路两侧建筑物、建筑设施情况、路口设计、沿线桥涵和附属构筑物设计情况，地上、地下房屋、树木、

杆线、田地等拆迁情况，地下管缆设置和原有管缆情况等。

4）纵断面图纵断线型设计。例如，最大纵坡度及其坡长，竖曲线最小半径，最大竖曲线长度，沿线土质、水文情况，桥涵过街管缆等附属构筑物位置、高程，原有建筑、设施基底高程，在平面与纵断面图上的路口，包括广场、停车场、支线的高程衔接是否一致。

5）横断面图横断设计。例如，路面结构，标准横断面、规划横断面、原路横断面相互关系等。

①全路有几种不同的设计标准横断面时，可以从路线桩号的起点至终点，按顺序用相应的标准横断面对平面图进行校核。在同一种横断面布置的路段中，校核各组成部分的宽度，施工中线、规划中线、原路中线，路拱横坡，路面结构，地下管线位置、高程，该标准横断面的起止桩号与平面图是否相符，同一种路面结构的使用范围与平面图中所示路段是否一致。

②在横断面、平面图对照中，同时检查相应段的纵断面图。例如，平面曲线与纵坡段的关系，最小平曲线半径与最大纵坡度重合时对施工测量和施工的要求，平、纵、横图的边沟设置范围，坡向、坡度在平面图中出入口的处理方式。

③横断面图与纵断面图对照，校核填挖方中心高度、路边建筑物和设施的基底高程与横断面高程的关系。

6）桥涵和附属构筑物设计。检查位置与高程在平面、纵断面图与结构图上标注是否一致。

（5）桥、涵平面设计图的基本内容与识读要点。

1）桥涵平面设计图的作用。主要是供测量定位放线，砌筑墩、台等下部结构，安装支座与施工上部结构的依据，以及据以编制预算、备料、提加工订货等。

2）桥涵平面设计图的基本内容。

①桥涵中线及墩、台的平面位置与高程，城市测量平面控制点与水准点；纵横轴线位置与河道主航线或街道中心线的位置及角度关系；墩、台或涵洞进出口墙的纵横轴线平面位置、距桥涵中线的距离及角度关系。

②墩、台或涵洞基础的尺寸与纵横轴线的尺寸关系；墩、台桩位和高程。

③墩、台帽或盖梁的纵横轴线与桥梁中线的位置尺寸关系；与墩台纵横轴线间的关系，互相校核，决定支座位置与高程。

④涵洞（管）的进出口构筑物的基础尺寸及与纵横轴线的尺寸关系、角度关系。

⑤主梁各桥跨的平面与高程关系，横向排列位置关系。

3）读图要点与注意事项。

①结构设计图各部分主要尺寸，应按三面正投影中的"三等关系"，校核"长对正""宽相等""高平齐"一一对应，各部尺寸关系必须正确、清楚。

②各部位结构中的钢筋构造、预埋件、预留孔洞、预应力孔道、钢筋保护层等位置、互相间尺寸关系、对施工安装有何影响及施工放线的控制关系。

（6）管道（给水排水、燃气热力、电力电信等）工程平面设计图基本内容与识读要点。

1）各种管道工程平面设计图的基本内容。

①比例尺及单位，管道中线起点、折点、支线点、终点的位置及坐标，城市测量控制点、水准点，与规划路中线或建筑红线以及其他地下管线的关系。

②管道的种类、管道上下游接口形式，管道不同管径的长度，检查井类型、井号，支管与预留管情况。

2）各种管道工程平面设计图的不同内容与识读要点。

①排水管道。由于是无压自流管道，其出口设计高程与沿线设计坡度均严格受到限制，故一旦施工之后，其位置与高程均不易改动。排水管道管径均较大，多为混凝土制成，故需要做基础，且一般每50m设一检查井。排水管道均以出口处为0+000向上游排里程桩号；其他管道均以入口处（如水厂、热力厂）为0+000向下游排里程桩号。

②给水管道：由于是有压管道、多为铸铁管，只在接口处设支墩结构。设置支管处多为90°、45°、22.5°等固定角度。

③燃气、热力管道为有压钢管、多架设在管沟内，热力管道均有外保温层和防胀缩的设施与小室。

④电力、电信管道分为直埋式、管块式与管沟式三种，井室种类大致相同。

⑤各种管道的相交：相交的位置要准确、防止管道的弯折，更要注意相交处的管底与管顶高程，防止相互影响。

（7）管道工程纵断面设计图的基本内容与识读要点。

1）比例尺为突出显示管道高低变化，竖向比例尺大于横向比例尺10倍，一般竖向1:100，横向1:1000或竖向1:50，横向1:500。

2）管道起点、折点、终点坐标位置、管道种类、管段长度、坡度或流向。

3）管径、接口形式、基础种类或支架、吊架形式。

4）检查井、人孔井、小室等构筑物的型号、结构类型、顶面和底面高程，坐标位置。

5）雨污水跌落井型号、结构、上下游落差、井盖和流水面高程，坐标位置。

6）与地下其他管线和构筑物交叉处的处理形式和方法，与地上结构物的位置关系。

7）遇有地下水或软弱地基的处理加固方法和要求。

8）管道纵断面设计图中的管线、管段、井号等数据与平面设计图应一一对应。

二、道路工程的施工测量

1. 恢复中线测量

道路设计阶段所测设的中线里程桩、JD 桩到开工前，一般均有不同程度的碰动或丢失。施工单位要根据定线条件，对丢失桩予以补测，对曾碰动的桩予以校正。这种对道路中线里程桩、JD 桩补测和校正的作业，叫恢复中线测量。

2. 恢复中线测量的方法

（1）中线测设城市道路工程恢复中线的测量方法一般采用以下两种。

1）图解法。在设计图上量取中线与邻近地物相对关系的图解数据，在实地直接依据这些图解数据来校测和补测中线桩，此法精度较低。

2）解析法。以设计给定的坐标数据或设计给定的某些定线条件作为依据，通过计算测设所需数据，将中线桩校测和补测完毕，此法精度较高，目前多使用此法。

（2）中线调直。根据上述测法，一般一条中线上至少要定出三个中线点，由于不可避免的误差，三个中线点不可能正在一条直线上，而是一个折线，按要求将所定出的三个中线点调整成一条直线。

（3）精度要求。测设时应以附近控制点为准，并用相邻控制点进行校核，控制点与测设点间距不宜大于 100m，用光电测距仪时，可放大至 200m。道路中线位置的偏差应控制在每 100m 不应大于 5mm。道路工程施工中线桩的间距，直线宜为 10～20m，曲线为 10m，遇有特殊要求时应适当加密，包括中线的起（终）点、折点、交点、平（纵）曲线的起终点及中点、整百米桩、施工分界点等。

（4）圆曲线及缓和曲线的测设。按本章第二条第 10 款的相关要求。

3. 纵断面测量

纵断面测量也叫路线水准测量，其主要任务是根据沿线设置的水准点测定路中线上各里程桩和加桩处的地面高程。然后根据测得的高程和相应的里程桩号绘制成纵断面图。纵断面图是计算填挖土石方量的重要依据。

纵断面测量是依据沿线设置的水准点用附合测法，测出中线上各里程桩和加桩处的地面高程。施测中，为减少仪器下沉的影响，在各测站上应先测完转点前视，再测各中间点的前视，转点上的读数要小数三位，而中间点读数一般只读二位即可。图6-2是一段纵断面实测示意图，表6-1表示了它的记录及计算，图6-3是其纵断面图。

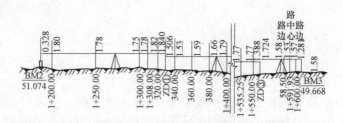

图6-2 纵断面实测示意图

表6-1 纵断面测量记录

| 后视读数 a | 视线高 H_i | 前视读数 b | | 测点（桩号） | 高程 H | 备注 |
		转点	中间点			
0.328	51.502			BM2	51.074	已知高程
			1.80	1+200.00	49.60	
			1.78	1+250.00	49.62	
			1.75	1+300.00	49.65	
			1.78	1+308.70	49.62	ZY3（BC3）
			1.82	1+320.00	49.58	
1.506	51.068	1.840		ZD1	49.562	
			1.53	1+340.00	49.54	
			1.59	1+360.00	49.48	
			1.66	1+380.00	49.41	
			1.79	1+400.00	49.28	
			1.80	1+421.98	49.27	QZ3（MC3）
			1.86	1+440.00	49.21	
1.421	50.611	1.878		ZD2	48.190	
			1.48	1+460.00	49.13	
			1.55	1+480.00	49.06	

后视读数 a	视线高 H_i	前视读数 b		测点（桩号）	高程 H	备注
		转点	中间点			
			1.56	1+500.00	49.05	
			1.57	1+520.00	49.04	
			1.77	1+535.25	48.84	YZ3（EC3）
			1.77	1+550.00	48.84	
1.724	50.947	1.388		ZD3	49.223	
			1.58	1+584.50	49.37	路边
			1.53	1+591.93	49.42	JD4（IP4）路
			1.57	1+600.00	49.38	中心路边
		1.281		BM3	49.666	已知高程
						49.668m
$\sum a=4.979$ $\sum b=6.387$ $\overline{\sum h=-1.408}$		$\sum b=6.387$			$H_终=49.666$ $\dfrac{H_始=51.074}{\sum h\ \ -1.408}$	计算校核无误
实测闭合差＝49.666－49.668＝－0.002m＝－2mm 允许闭合差＝±20$\sqrt{L}$＝±20$\sqrt{0.4}$＝13 合格						成果校核合格

4. 横断面测量

横断面测量的主要任务，是测定各里程桩和加桩处中线两侧地面特征点至中心线的距离和高差，然后绘制横断面图。横断面图表示了垂直中线方向上的地面起伏情况，是计算土（石）方和施工时确定填挖边界的依据。

在横断面测量中，一般要求距离精确至 0.1m，高程精确至 0.05m。因此，横断面测量多采用简易方法，以提高工效。横断面测量施测的宽度，根据工程类型、用地宽度及地形情况确定。一般要求在中路两侧各测出用地宽度外至少 5m。

（1）测定横断面的方向。直线段上的横断方向是指与线路垂直的方向，如图 6-4（a）中的横断面，$a-a'$、$z-z'$、$y-y'$。

曲线段上的横断方向是指垂直于该点圆弧切线的方向，即指向圆心的方向，如横断面 $1-1'$、$2-2'$、$q-q'$。在地势平坦地段，横断面方向的偏差影响不大，但在地势复杂的山坡地段，横断面方向的偏差会引起断面形状的显著变化，这时应特别注意断面方向的测定。

一般测定直线段上的横断方向时，将方向架立于中线桩上，如图 6-4（b）以Ⅰ-Ⅰ′轴线对准中线方向，Ⅱ-Ⅱ′轴线方向即为该桩的横断面方向。

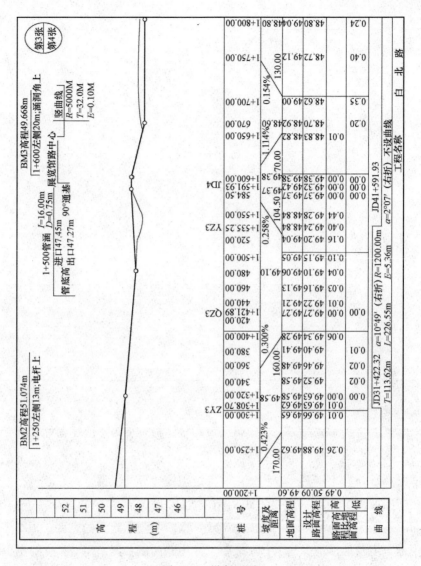

图 6-3　纵断面图

（2）测定横断面上的点位（距离和高程）。横断面上路线中心点的地面高程已在纵断面测量时测出，其余各特征点对中心点的高低变化情况，可用水准仪测出。

如图 6-5 所示，水准仪安置后，以中线地面高为后视，以中线两侧地面特征点为前视，并量出各特征点至中线的水平距离。水准读数到 0.01m，水平距离读至 0.05m 即可。观测时视线可长至 100m，故安置一次仪器可测几个断面：

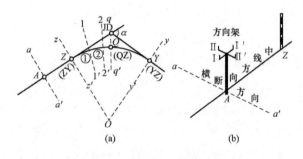

图 6 - 4 横断面的方向测定

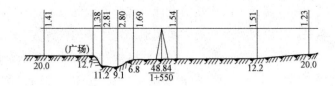

图 6 - 5 水准仪测横断面

所测数据应按表 6 - 2 格式记录（注意，记录次序是由下向上，以防左右方向颠倒）。根据记录数据，可在毫米坐标格纸上，按比例展绘横断面形状，以供计算土方之用。

表 6 - 2　　　　　　　　　　　　横断面测量记录

前视读数 至中线距离					后视读数 桩号	前视读数 至中线距离		
（房）$\dfrac{1.60}{14.3}$	$\dfrac{1.25}{8.2}$				$\dfrac{1.50}{1+650}$	$\dfrac{1.45}{3.2}$	$\dfrac{0.70}{4.3}$	$\dfrac{0.65}{20.0}$
（广场）$\dfrac{1.41}{20.0}$	$\dfrac{1.38}{12.7}$	$\dfrac{2.81}{11.2}$	$\dfrac{2.80}{9.1}$	$\dfrac{1.69}{6.8}$	$\dfrac{1.54}{1+550}$	$\dfrac{1.51}{12.2}$	$\dfrac{1.23}{20.0}$	

5. 三项基本工作

贯穿道路工程施工始终的三项测量放线基本工作如下。

（1）中线放线测量。

（2）边线放线测量。

（3）高程放线测量。

只不过不同的施工阶段，三项基本工作内容稍有区别。但在每个里程桩的横断面上，中线桩位与其高程的正确性是根本性的。

6. 边桩放线

路基施工前，要把地面上路基轮廓线表示出来，即把路基与原地面相交的坡脚线找出来，钉上边桩，这就是边桩放线。在实际施工中边桩会被覆盖，往往是测设与边桩连线相平行的边桩控制桩。边桩放线常用方法有以下两种。

（1）利用路基横断面图放边桩线。利用路基横断面图放边桩线，也叫图解法。就是根据已"戴好帽子"的横断面设计图或路基设计表，计算出或查出坡脚点离中线桩的距离，用钢尺沿横断面方向实地确定边桩的位置。

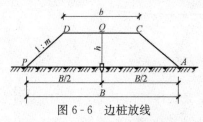

图 6-6 边桩放线

（2）根据路基中心填挖高度放边桩线（也叫解析法）。在施工现场时常出现道路横断面设计图或路基设计表与实际现状发生较大出入，此情况下可根据实际的路基中心填挖高度放边坡线，如图 6-6 所示。

图 6-6 中　h——中桩填方高度（或挖方深度）；

　　　　　b——路基宽度；

　　　　$1：m$——边坡率。

平地路堤坡脚至中桩距离 $B/2$ 计算公式如下：

$$B/2 = hm + b/2$$

7. 路堤边坡的放线

有了边桩（或边桩控制桩）尚不能准确指导施工，还要将边坡坡度在实地表示出来，这种实地标定边坡坡度的测量叫作边坡放线。

边坡放线的方法有多种，比较科学且简便易行的方法有如下两种。

（1）竹竿小线法。如图 6-7（a）所示，根据设计边坡度计算好竹竿埋置位置，使斜小线满足设计边坡坡度。此法常用边坡护砌中。

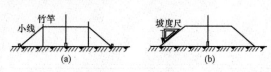

图 6-7 边坡放线

（a）竹竿小线法；（b）坡度尺法

（2）坡度尺法。如图 6-7（b）所示，应按坡度要求回填或开挖，并用坡度尺检查边坡。

8. 边桩上纵坡设计线的测设

施工边桩一般都是一桩两用，既控制中线位置又控制路面高程，即在桩的侧面测设出该桩的路面中心设计高程线（一般注明改正数）。

图 6-8 表示的是中线北侧的高程桩测设情况。表 6-3 是常用的记录表格。具体测法如下。

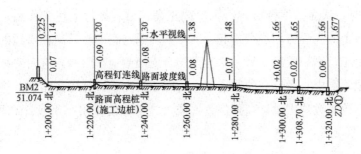

图 6-8　高程桩测设

（1）后视水准点求出视线高。

（2）计算各桩的"应读前视"，即立尺于各桩的设计高程上时，应该读的前视读数。其计算公式如下：

$$应读前视 = 视线高 - 路面设计高程$$

路面设计高程可由纵断面图中查得，也可在某一点的设计高程和坡度推算得到（表 6-3 设计坡度为 8.5‰）。

当第一桩的"应读前视"算出后，也可根据设计坡度和各桩间距算出各桩间的设计高差，然后由第一桩的"应读前视"直接推算其他各桩的"应读前视"。

表 6-3　　　　　　　　　　高程桩测设记录表

桩号	后视读数	视线高	前视读数	高程	路面设计高程	应读前视	改正数	备注
BM2	0.225	51.299		51.074				已知高程
1+200.00 北			1.14		50.09	1.21	−0.07	
南			1.17				−0.04	
1+220.00 北			1.20		50.01	1.29	−0.09	
南			1.22				−0.07	

注：上表中桩号后面的"北"和"南"，是指中线北侧和南侧的高程桩。

（3）在各桩顶上立尺，读出桩顶前视读数，算出改正数。改正数的计算公式如下：

改正数 ＝ 桩顶前视－应读前视

改正数为"－"表示自桩顶向下量改正数，再钉高程钉或画高程线；改正数为"＋"表示自桩顶向上量改正数（必要时需另钉一长木桩），然后在桩上钉高程钉或画高程线。

（4）钉好高程钉。应在各钉上立尺检查读数是否等于应读前视。误差在5mm以内时，认为精度合格，否则应改正高程钉。经过上述工作后，将中线两侧相邻各桩上的高程钉用小线连起，就得到两条与路面设计高程一致的坡度线。

（5）由于每测一段后，另一水准点闭合受两侧地形限制，有时只能在桩的一侧注明桩顶距路中心设计高的改正数，为防止观测或计算中的错误，施工时由施工人员依据改正数量出设计高程位置，或为施工方便量出高于设计高程20cm的高程线。

9. 竖曲线、竖曲线形式与测设要素

为了保证行车安全，在路线坡度变化时，按规定用圆曲线连接起来，这种曲线就叫作竖曲线。竖曲线分为两种形式：凹形和凸形。

其测设要素有：曲线长 L、切线长 T 和外距 E，由于竖曲线半径很大，而转折角较小，故可以近似地计算 T、L、E：

$$切线长 \qquad T = R \times \frac{|(i_2 - i_1)|}{2}$$

$$曲线长 \qquad L = R \times |(i_2 - i_1)|$$

$$外距 \qquad E = T^2/2R = L^2/8R$$

10. 竖曲线的测设

（1）计算竖曲线上各点设计高程：

1）先按直线坡度计算各点坡道设计高 H'_i。

2）计算相应各点竖曲线高程改正数 y_i

$$y_i = \frac{x^2}{2R}$$

式中 x——竖曲线起（终）点到欲求点的距离；

$\qquad R$——竖曲线半径。

3）计算竖曲线上各点设计高程 H_i

$$H_i = H'_i \pm y_i$$

式中 凹形竖曲线用"＋"号；

$\qquad$ 凸形竖曲线用"－"号。

（2）根据计算结果测设已知高程点：

【**例6-1**】　图6-9为一竖曲线，计算其测设要素值。

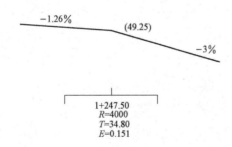

图6-9　竖曲线

解：测设要素值为：

$$T = 4000 \times \frac{|-3\% - (-1.26\%)|}{2} = 34.80(\text{m})$$

$$T = 4000 \times |-3\% - (-1.26\%)| = 69.60(\text{m})$$

$$E = (34.80)^2 / (2 \times 4000) = 0.151(\text{m})$$

其他计算见表6-4。

表6-4　　　　　　　　　　　　　　竖曲线测设要素值

桩号	x	坡线高程	竖曲线改正数	路面高程	备注
1+212.70	0.00	49.688	0.000	49.69	
1+220.00	7.30	49.596	−0.007	49.59	
1+230	17.30	49.470	−0.037	49.43	
1+240.00	27.30	49.470	−0.037	49.43	
1+247.50	34.80	49.250	−0.151	49.10	变坡点
1+250.00	32.30	49.175	−0.130	49.04	
1+260.00	22.30	49.875	−0.062	48.81	
1+270.00	12.30	48.575	−0.019	48.56	
1+282.30	0.00	48.206	0.000	48.21	

11. 路面施工阶段测量主要内容

（1）路面施工阶段的测量工作主要内容。

1）恢复中线。中线位置的观测误差应控制在5mm之内。

2）高程测量。高程标志线在铺设面层时，应控制在5mm之内。

3）测量边线。使用钢尺丈量时测量误差应控制在5mm之内。

（2）路面边桩放线主要方法。

1）根据已恢复的中线位置，使用钢尺测设边柱，量距时注意方向并考虑横坡因素。

2）计算边桩的城市坐标值，以及附近导线或控制桩、测设边桩位置。

12. 路拱曲线的测设

找出路中心线后，从路中心向左右两侧每50cm标出一个点位。在路两侧边桩旁插上竹竿（钢筋），依据所画高程线或所注改正数，从边桩上画出高于设计高10cm的标志，按标志用小线将两桩连起，得到一条水平线，如图6-10所示。

检测的依据是设计提供的路拱大样图上所列数据，用盒钢尺从中线起向两侧每50cm检测一点。盒钢尺零端放在路面，向上量至小线看是否符合设计数据。

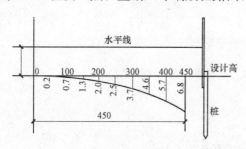

图6-10 路拱曲线的测设

如图6-10所示，在0点（路中心线）位置，所量距离应是10cm，在2m处应是12cm，在4.5m处应是16.8cm。

沥青面层横断面高程允许偏差为±1cm且横坡误差不大于0.3%。如在2m处高程低了0.5cm，在2.5m处高程又高了0.5cm，虽然两处高程误差均在允许范围内，但两点之间坡度误差是1/50＝2%，已大于0.3%，因而不合格。

在路面宽度小于15m时，一般每幅检测5点即可，即中心线一点，路缘石内侧各一点，抛物线与直线相接处或两侧1/4处各一点。路面大于15m或有特殊要求时应按有关规定检测或使用水准仪实测。

三、管道工程的施工测量

管道施工测量的主要任务是根据设计图纸的要求，为施工测设各种标志，使施工人员便于随时掌握中线方向和高程位置。

管道工程一般属于地下工程居多，管道种类较多，主要有给水、排水、天然气、输油管等。在城市和工厂建设中，管道更是上下穿插、纵横交错连接成管道网，如果管道施工测量稍有差错，将可能会产生管道互相干扰，给施工造成困难。

管道施工测量的精度要求，一般取决于工程的性质和施工方法。例如，无压力的自流管道（如排水管道）比有压力管道（如给水管道）测量精度要求高，不开槽施工比开槽施工测量精度要求高，厂区内部管道比外部管道测量精度要求高等。在实际工作中，各种管道施工测量必须满足设计要求。管道施工测量的工作内容比较广泛。测量方法也比较灵活多样，实践经验比较重要。本节简单介绍其主要内容和基本方法。

1. 施工前的测量工作

（1）熟悉图纸和现场情况。施工测量前，首先要认真熟悉设计图纸，包括管道平面图、纵横断面图、标准横断面图和附属构筑物图等，通过熟悉图纸，在了解设计图纸和对测量的精度要求的基础上，掌握管道中线位置和各种附属构筑物的位置等，并找出有关的施测数据及其相互关系。为了防止错误，对有关尺寸应该认真校核。在勘察施工现场时，除了解工程和地形的一般情况外，还应找出各交点桩、里程桩、加桩和水准点位置。另外，还应注意做好现有地下管线的复查工作，以免施工时破坏，造成损失。

（2）恢复中线。管道中线测量中所钉的中线桩、交点桩等，到施工时难免有部分碰动和丢失，为了保证中线位置准确可靠，施工前应根据设计的定线条件进行复核，并将丢失和碰动的桩重新恢复。在校核中线时，一般均将管道附属构筑物（涵洞、检查井等）的位置同时测出。

（3）施工控制桩的测设。在施工时由于中线上各桩要被挖掉，为了在施工中控制中线和附属构筑物的位置，应在不受施工干扰、引测方便和易于保存桩位的地方，测设施工控制桩。施工控制桩分为中线控制桩和附属构筑物位置控制桩两种，可以分别保证对中线和附属构筑物的位置进行控制。

（4）施工水准点的加密。为了在施工过程中能够比较方便地引测高程，一般应在原有水准点之间，加设一定的临时施工水准点，其间距为 $100\sim150\mathrm{m}$，其精度要求应根据工程性质和有关规范规定确定。

在引测水准点时，一般都同时检测管道出入口和管道与其他管线交叉的高程，如果与设计图纸给定数据不相符时，就应及时与设计部门研究解决。

2. 施工过程中的测量工作

（1）槽口放线。槽口放线的任务是根据设计要求的埋深、土层情况和管径大小等计算出开槽宽度，并在地面上定出槽边线的位置，作为开槽的依据。

当横断面比较平坦时，如图 6-11（a）所示，槽口宽度按下式计算：

1）半槽口宽度：$D_{左} = D_{右} = \dfrac{b}{2} + mh$。

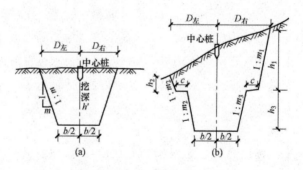

图 6-11　槽口放线

(a) 横断面较平坦时；(b) 横断面倾斜较大时

当槽断面倾斜较大时，中线两侧槽口宽度就不一致，应分别按下式计算或用图解法求出，如图 6-11 (b) 所示。

2) 半槽口宽度：

$$D_{左} = \frac{b}{2} + m_2 h_2 + m_3 h_3 + c$$

$$D_{右} = \frac{b}{2} + m_1 h_1 + m_3 h_3 + c$$

(2) 坡度控制标志的测设。管道施工中的测量工作，主要是控制管道的中线和高程位置。因此，在开槽前后应设置控制管道中线和高程位置的施工标志，以便按设计要求进行施工。比较常用的有以下两种方法。

1) 坡度板法。

①埋设坡度板及投测中心钉。坡度板法是控制管道中线和构筑物位置，掌握管道设计高程的常用方法，坡度板一般均跨槽埋设，如图 6-12 (a) 所示。

坡度板应根据工程进程要求及时埋设，当槽深在 2.5m 以内时，应于开槽前在槽口上每隔 10～20m 埋设一块坡度板，如遇检查井、支线等构筑物时，应加设坡度板。当槽深在 2.5m 以上时，应待槽挖到距槽底 2m 左右时再在槽内埋设坡度板，如图 6-12 (b) 所示。坡度板要埋设牢固、板面要保持水平。

坡度板埋设后，以中线控制桩为准，用经纬仪把管道中心线投测到板上面，并钉中心钉。并在坡度板的侧面写上里程桩号或检查井等附属构筑物的号数。

②测设坡度钉。为了控制管槽开挖深度，应根据附近水准点，用水准仪测出坡度板板顶高程。根据板顶高度与管道坡度计算该处的管道设计高程之差，即为

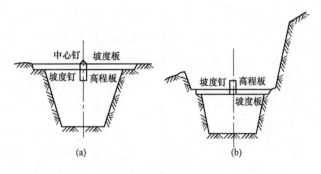

图 6-12　坡度板的埋设

（a）槽深在 2.5m 以内；（b）槽深在 2.5m 以上

由坡度板顶往下开挖的深度。但由于地面有起伏，所以各坡度板顶向下开挖的深度都不一致，对掌握施工中管底的高程和坡度都很不方便。为此，需在坡度板上中线一侧设置坡度立板，称为高程板，在高程板侧面测设一坡度钉，使各坡度板上坡度钉的连线平行于管道设计坡度线，并距离槽底设计高程为一整分米数，称为下反数，如图 6-13 所示。施工时，利用这条线就可以比较灵活方便地来检查、控制管道坡度和高程。

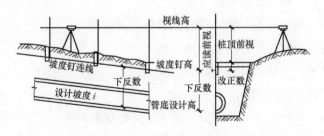

图 6-13　测设坡度钉

测设坡度钉的方法灵活多样，其基本原理是进行高程的放样。具体测设时是先计算各坡度板处的管底设计标高以及根据现场情况所选定的下反数计算出坡度钉的高程，然后根据已知水准控制点进行坡度钉测设。

2）平行轴腰桩法。当现场条件不便采用坡度板时，对精度要求较低的管道，可采用平行轴腰桩法来测设坡度控制标志，其步骤如下。

①测设平行轴线桩。开工前先在中线一侧或两侧，于管槽边线之外测设一排平行轴线桩，平行轴线桩与管道中心线相距 a，各桩间距约在 20m。各检查井位置也相应地在平行轴线上设桩。

②钉腰桩。为了比较准确地控制管道中线和高程，在槽坡上（距槽底 1m 左

151

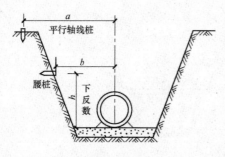

图 6-14 平行轴腰桩法测设坡度控制标志

右）再钉一排与平行轴线相应的平行轴线桩，使其与管道中线的间距为 b，这样的桩称为腰桩，如图 6-14 所示。

③引测腰桩高程。腰桩钉好后，用水准仪测出各腰桩的高程，腰桩高程与该处相对应的管底设计高程之差 h，即是下反数。施工时，用各腰桩的 b 和 h 即可控制埋设管道的中线和高程。

四、桥涵工程施工测量

1. 桥涵工程施工测量主要内容

（1）桥涵中心线和控制桩的测设，施工水准点的设置及观测。

（2）基础工程的桩基定位，承台基坑开挖边线的确定、轴线及高程控制桩的测设。

（3）墩、台中线控制桩测设。

（4）上部结构施工及安装工程的中线及高程测量。

（5）附属工程（挡墙、锥坡）施工放线。

（6）施工过程中检测及竣工验收测量。

2. 桥（涵）位的放线

对于桥墩、台平面位置的测设，要视桥梁形状和环境而定，如跨河桥梁和城市立交桥的施测方法就不可能一样。桥位放线的方法主要有直接丈量法、角度交会法和极坐标法。

（1）直接丈量法。按桥墩、台中心桩桩号，计算其间距。依据控制桩依次直接测设出墩、台中心点位置。

（2）角度交会法。当墩柱位于水中，在没有测距仪不便直接丈量时，可利用控制网的控制点，用角度交会法测设各墩柱中心位置。

（3）极坐标法。按设计给定的墩、台坐标（或计算的结果）与已测设的控制网控制点坐标，计算出测设所需的角度和距离，依次测设各墩、台中心位置。

3. 桩基桩位的放线

桥墩柱、桥台的基础多为群桩或排桩，测设出各墩、台中心位置后，还需测设出各个灌注桩（或预制桩的）桩位。

如图 6-15 所示，根据桩基位置在同一轴线的条件，使用控制网的控制桩将 O 点（墩、台中心）测设出；通过 O 点测设墩台轴线；根据桩基之间的设计间距，定出 O_1、O_2、O_3、O_4 各点。然后放出纵横轴线控制桩。

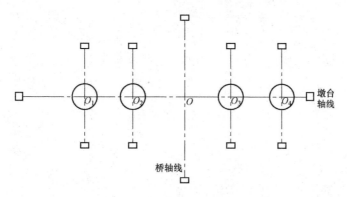

图 6-15 桥墩轴线控制

也可依据桥控制网的控制桩，使用极坐标法（特别是弯桥桩基）直接依次测设出 O_1、O_2、O_3、O_4 各点。然后测出纵横轴线控制桩。

4. 预制构件吊装时的竖向校测

预制混凝土柱（如过街天桥）、钢管柱（如匝道桥）等构件吊装时，要进行竖向校测，以保证构件铅直。

两台经纬仪安置在互相垂直的轴线引点上，当构件起吊基本就位后，经纬仪以杯口中线或法兰盘十字线为准，俯仰望远镜，对预制构件上弹好的竖直中心线（或上下中心点），进行正倒镜反复观测，校正到构件满足铅直条件为止。

校测注意事项如下。

（1）事先经纬仪应进行检校。

（2）两架仪器应尽可能安置在相互垂直的两条轴线上，违反此规定将有可能产生不良后果。

5. 锥形护坡的放线

桥台两边的护坡为 1/4 锥体，坡脚和基础边线平面形成 1/4 椭圆。放线具体方法一般采用坐标法（锥形护坡如图 6-16 所示）。

（1）确定长轴和短轴：

长轴 $a=mh$，m——长向坡度，h——锥坡高度；

短轴 $b=nh$，n——短向坡度，h——锥坡高度。

（2）计算椭圆在坐标系中的各点坐标（设定 x 值，按公式计算 y 值）：

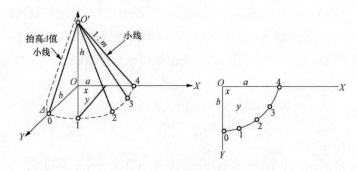

图 6-16　锥形护坡

$$y = \frac{b}{a} \sqrt{(a^2 - x^2)} H'_i$$

（3）按坐标值实地测设坡脚位置。

（4）在坐标轴原点 O 上方 h 高度处，设立 O' 标志，用小线与坡顶相连，即构成护坡砌筑控制线（为使用方便，一般均抬高 Δ 值，挂线）。

五、场站建（构）筑物工程施工测量

1. 场站建（构）筑物工程施工平面控制网布设原则与精度要求

（1）布网原则。场站建（构）筑物工程施工平面控制网，应根据工程性质、场地大小及设计定位条件、施工方案、现场情况等进行全面考虑确定。布设原则如下。

1）由整体到局部，以高精度控制低精度。

2）在大、中型建筑场地上，施工平面控制点多组成方格网或矩形网；在面积不大的小型场站建（构）筑物场地上，常布设一条或几条基准线，作为施工平面控制，称为场地基线或场地轴线。基线或格网线应包括场地定位依据的起始点和起始边，应靠近主要建（构）筑物，并与其轴线平行。

3）场地基线的点数不得少于三个，并调直。方格网的边长一般为 100～300m；矩形网的边长视建（构）筑物的大小和分布而定，一般为 10m 的整倍数长度。

4）控制点之间应通视良好、便于量距，其顶面标高应略高于场地设计标高，桩底低于冰冻层，以便长期保存。

（2）精度要求。控制网量距的精度，用钢尺丈量应高于 1/10 000，用光电测距往返较差应小于 2 （$A+B \cdot D$），测角和延长直线误差不应超过±20″。

2. 场站建（构）筑物工程施工高程控制网的布设原则与精度要求

（1）布网原则。

1）在整个场站建（构）筑物施工范围内，每距 100～200m 及每个较大建（构）筑物附近均应设置水准点。全部水准点应构成一环或多环闭合的高程控制网。在一般情况下，施工平面方格网点也同时作为高程控制点（在标石上除有固定平面点位的标志外，另设一半球形标志为高程控制点）。当场站面积较大时，高程控制网可分两级分布，即布设首级水准网和加密水准网，加密水准网点多用于施工平面控制点。

2）为了高程放样方便和减少误差，在每个较大建（构）筑物附近，还要测设±0.000 水准点，其高程为该建（构）筑物的室内地坪设计高程。位置多选在其他较稳定建（构）筑物墙、柱的侧面，以红漆绘成上顶为水平线的倒三角形标志。±0.000 水准点以水准环线上首级水准点为准，采用附合水准路线进行联测。

（2）精度要求。城市道路工程按二、三等级水准测量方法建立首级控制，用附合或环线水准路线闭合差应小于±12mm$\sqrt{L}$（L 为单程水准路线长度，以 km 为单位）。

3. 场站建（构）筑物定位条件的选择

（1）建（构）筑物定位条件的选择。

1）根据设计给定的依据和施工现场情况，尽量首先选用精度较高的城市测量控制点或场地基线的点位和方向作为依据进行定位。

2）当以原有道路中线定位时，应选择规整的道路边线上的三个以上的点位为准，并调直。

3）当以原有建（构）筑物为定位依据时，必须选择四廊（或中心线）规整的永久性建（构）筑物为依据，外廊不明显的临时性建（构）筑物不能作为定位依据。

4）定位几何条件应是能唯一确定，现场实测条件也应是通视和便于观测。

（2）常用的定位条件。

1）根据现有建（构）筑物的位置关系定位。在建筑群内进行新建或扩建时，设计图上往往给出拟建建（构）筑物与原有建（构）筑物或道路中心线的位置关系，此时，其轴线可以根据给定的关系测设。定位后应用附近参照物进行校核。

2）根据场地基线或城市测量控制网的关系定位。在施工场地内设有平面控制网时，可根据建（构）筑物各角点的坐标用直角坐标法或极坐标法测设。

4. 圆形建（构）筑物施工控制桩的测设

烟囱、水塔、油（气）罐、水工建筑的曝气池、沉淀池等建筑物多为圆形构筑物，其中一些基础小、主体高的圆形构筑物，如烟囱、水塔等为圆筒形构筑物。

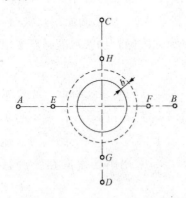

图 6-17　圆形构筑物十字形控制线

在圆形建（构）筑物施工中，测量的主要工作是严格控制中心位置，如图 6-17 所示中心点。在地面上确定建（构）筑物中心位置以后，以中心为交点，测设两条互相垂直的轴线 AB 和 CD，A、B、C、D 各点至中心的距离要选择适当，对于圆筒形建（构）筑物，应大于建（构）筑物的高度。另外，在轴线方向上，尽量靠近建（构）筑物而不影响桩位稳固的情况下，还要设置 E、F、G、H 四个方向控制桩。图 6-17 中，b 为基坑的放坡宽度。

在施工过程中，应随时使用经纬仪依据轴线方向将中心位置投测到施工作业面上，以此作为各层砌筑或支模的依据，控制施工全过程。

圆形建（构）筑物的标高控制除使用附近水准点外，在适当的时候在建（构）筑物侧壁上设一个标高线（最好是一个整米数高度），然后以此线为准，直接用钢尺向上量取竖直高度，在作业面上设立高程控制标志，然后用水准仪直接做各层次的标高控制。

第七章

地形图测绘

一、地形图的基本知识

1. 比例尺

地形图的比例尺应根据工程性质、规模大小、使用要求来选择，以满足使用要求为基本条件。一般规划设计用图选用 1：5000 比例尺，初步设计用图选用 1：2000 比例尺，施工设计用图选用 1：1000、1：500 比例尺，施工现场小面积局部测图也可选用 1：200 比例尺。

测图用纸应选用变形小、不易出现皱折的亚光纸，有条件者应选用厚度为 0.07～0.1mm、伸缩率为 0.04％的聚酯薄膜。

2. 比例尺的精度

（1）基本概念。人们用肉眼能分辨图上最小长度为 0.1mm，因此在图上量度或实地测图描绘时，一般只能达到图上 0.1mm 的精确性。我们把图上 0.1mm 所代表的实际水平长度称为比例尺精度。

比例尺精度的概念，对测绘地形图和使用地形图都有重要的意义。在测绘地形图时，要根据测图比例尺确定合理的测图精度。例如，在测绘 1：500 比例尺地形图时，实地量距只需取到 5cm，因为即使量得再细，在图上也无法表示出来。在进行规划设计时，要根据用图的精度确定合适的测图比例尺。例如，基本工程建设，要求在图上能反映地面上 10cm 的水平距离精度，则采用的比例尺不应小于 1/1000。

表 7-1 为不同比例尺的比例尺精度，可见比例尺越大，其比例尺精度就越高，表示的地物和地貌越详细，但是一幅图所能包含的实地面积也越小，而且测绘工作量及测图成本会成倍地增加。因此，采用何种比例尺测图，应从规划、施工实际需要的精度出发，不应盲目追求更大比例尺的地形图。

表 7-1　　　　　　　　　　　不同比例尺的比例尺精度

比例尺	1：500	1：1000	1：2000	1：5000
比例尺精度（m）	0.05	0.10	0.20	0.50

（2）基本作用。根据比例尺精度，有以下两件事项可参考决定。

1）按工作需要，多大的地物须在图上表示出来或测量地物要求精确到什么程度，由此可参考决定测图的比例尺。

2）当测图比例尺已决定之后，可以推算出测量地物时应精确到什么程度。

3．地物符号

地形图上表示各种地物的形状、大小和它们位置的符号，叫地物符号，如测量控制点，居民地，独立地物、管线及道路、水系和植被等。根据地物的形状大小和描绘方法的不同，地物符号可以分为下列几种。

（1）依比例尺绘制的符号。地物的平面轮廓，依地形图比例尺缩绘到图上的符号，称为依比例尺绘制的符号，如房屋、湖泊、农田、森林等。依比例尺绘制的符号不仅能反映出地物的平面位置，而且能反映出地物的形状与大小。

（2）不依比例尺绘制的符号。有些重要地物其轮廓较小，按测图比例尺缩小在图上无法表示出来，而用规定的符号表示它，这种符号为不依比例尺绘制的符号，如三角点、水准点、独立树、电杆、水塔等。不依比例尺绘制的符号只表示物体的中心或中线的平面位置，不表示物体的形状与大小。

（3）半依比例尺绘制的符号。对于一些狭长地物，如管线、围墙、通信线路等，其长度依测图比例尺表示，其宽度不依比例尺表示的符号，即为半依比例尺绘制的符号。

这几种符号的使用界限不是固定不变的。同一地物，在大比例尺图上采用依比例符号，而在中、小比例尺图上可能采用不依比例符号或半依比例符号。

（4）地物注记。地形图上用文字、数字或特定符号对地物的性质、名称、高程等加以说明，称为地物注记，如图上注明的地名、控制点名称、高程、房屋的层数、机关名称、河流的深度、流向等。

4．地貌符号

在地形图上表示地貌的方法很多，而在测量工作中常用等高线表示。用等高线表示地貌不仅能表示出地面的起伏形态，而且可以根据它求得地面的坡度和高程等，所以它是目前大比例尺地形图上表示地貌的一种基本方法。下面介绍用等高线表示地貌的方法和等高线的特征。

（1）等高线。等高线是地面上高程相等的各相邻点所连成的闭合曲线。如图7-1所示，设有一高地被等间距的水平面 P_1、P_2、P_3 所截，则各水平面与高地的相应的截线，即等高线。将各水平面上的等高线沿铅垂方向投影到一个水平面 M 上，并按规定的比例尺缩绘到图纸上，就得到用等高线表示的该高地的地貌图。很明显，这些等高线的形状是由高地表面形状来决定的。

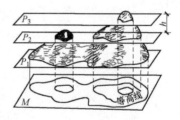

图7-1 等高线

（2）等高距和等高线平距。地形图上相邻等高线的高差，称为等高距，也称等高线间隔，用 h 表示。在同一幅地形图内，等高距是相同的。等高距的大小是根据地形图的比例尺、地面起伏情况及用图的目的而选定的。

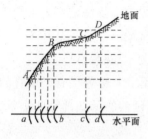

图7-2 等高线平距

相邻等高线间的水平距离，称为等高线平距，常以 d 表示。因为同一张地形图中等高距是相同的，所以等高线平距 d 的大小是由地面坡度陡缓决定的。如图7-2所示，地面上 CD 段的坡度大于 BC 段，其等高线平距 cd 小于 bc；相反，地面上 CD 段的坡度小于 AB 段，其等高线平距 cd 大于 AB 段的相邻等高线平距。由此可见，地面坡度越陡，等高线平距越小；相反，坡度越缓，等高线平距越大，若地面坡度均匀，则等高线平距相等。

（3）等高线分类。为了更好地表示地貌的特征，便于识图用图，地形图主要采用下列4种等高线。

1）首曲线。在地形图上，按规定的基本等高距测定的等高线，称为首曲线，也称基本等高线。

2）计曲线。为了方便计算高程，每隔四条首曲线（每5倍基本等高距）加粗描绘一条等高线，称为计曲线，也称加粗等高线。

3）间曲线。当首曲线不足以显示局部地貌特征时，按二分之一基本等高距测绘的等高线，称为间曲线，也称半距等高线，常以长虚线表示，描绘时可不闭合。

4）助曲线。当首曲线和间曲线仍不足以显示局部地貌特征时，按四分之一基本等高距测绘的等高线，称为助曲线，也称辅助等高线。一般用短虚线表示，描绘时也可不闭合。

（4）几种典型地貌的等高线。自然地貌的形态虽是多种多样的，但可归结为

测量员必读（第2版）

几种典型地貌的综合。了解和熟悉这些典型地貌等高线的特征，有助于识读、应用和测绘地形图。

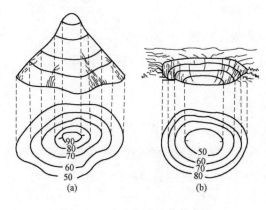

图 7-3　山头与洼地的等高线

（a）山头等高线；（b）洼地等高线

1）山头与洼地的等高线。山头和洼地的等高线都是由一组闭合的曲线组成的，形状比较相似。在地形图上区分它们的方法是看等高线上所注的高程。内圈等高线较外圈等高线高程高时，表示山头，如图7-3（a）所示。相反，内圈等高线较外圈等高线高程低时，表示洼地，如图7-3（b）所示；如果等高线上没有高程注记，为了便于区别这两种地形，就在某些等高线的斜坡下降方向绘一短线来表示坡度方向，这些短线称为示坡线。

2）山脊与山谷的等高线。山顶向山脚延伸的凸起部分，称为山脊。山脊的等高线是一组凸向低处的曲线。两山脊之间向一个方向延伸的低凹部分叫山谷。山谷的等高线是一组凸向高处的曲线，如图7-4所示。

山脊和山谷等高线的疏密，反映了山脊、山谷纵断面的起伏情况，而它们的尖圆或宽窄则反映了山脊、山谷的横断面形状。山地地貌显示是否真实、形象、逼真，主要看山脊线与山谷线表达得是否正确。山脊线与山谷线是表示地貌特征的线，所以又称为地性线。地性线构成山地地貌的骨架，它在测图、识图和用图中具有重要的意义。

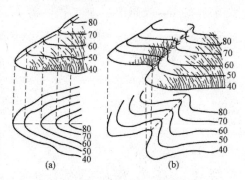

图 7-4　山脊与山谷的等高线

（a）山脊的等高线；（b）山谷的等高线

3）鞍部的等高线。鞍部就是相邻两山头之间呈马鞍形的低凹部位，如图7-5所示。鞍部（S点处）是两个山脊与两个山谷会合的地方，鞍部等高线的特点是在一圈大的闭合曲线内，套有两组小的闭合曲线。

4）陡崖和悬崖。陡崖是坡度在70°～90°的陡峭崖壁，有石质和土质之分。若用等高线表示将非常密集或重合为一条线，因此采用陡崖符号来表示，如图

160

7 - 6（a）所示。

悬崖是上部突出、下部凹进的陡崖。上部的等高线投影在水平面时，与下部的等高线相交，下部凹进的等高线用虚线表示，如图 7 - 6（b）所示。

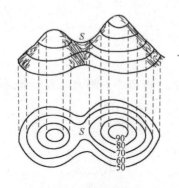

图 7 - 5　鞍部的等高线

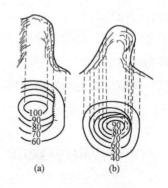

图 7 - 6　陡崖和悬崖

（a）陡崖；（b）悬崖

还有某些特殊地貌，如冲沟、滑坡等，其表示方法参见地形图图式。

了解和掌握了典型地貌等高线，就可以读懂综合地貌的等高线图了。图 7 - 7 是一幅非常典型的综合地貌图，把实际地貌图［图 7 - 7（a）］和等高线图［图 7 - 7（b）］对比研读，就基本可以理解等高线表示地貌的精髓了。

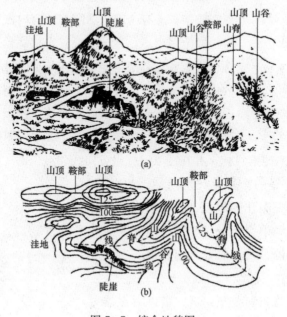

图 7 - 7　综合地貌图

（a）实际地貌图；（b）等高线图

（5）等高线的特性。

1）同一条等高线上各点的高程相等。

2）等高线为闭合曲线，不能中断，如果不在本幅图内闭合，则必在相邻的其他图幅内闭合。

3）等高线只有在悬崖、绝壁处才能重合或相交。

4）等高线与山脊线、山谷线正交。

5）同一幅地形图上的等高距相同，因此，等高线平距大，表示地面坡度小；等高线平距小，表示地面坡度大；平距相同，则坡度相同。

二、小平板仪构造及应用

1. 小平板仪的构造

平板仪分为大平板仪和小平板仪两种。

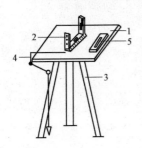

图 7-8 小平板仪

1—测图板；2—照准仪；

3—三脚架；4—对点器；

5—罗盘仪（指北针盒）

小平板仪构造比较简单，如图 7-8 所示，它主要由测图板、照准仪和三脚架组成。附件有对点器和罗盘仪（指北针）。

测图板和三脚架的连接方式大都为球窝接头。在金属三脚架头上有个碗状球窝，球窝内嵌入一个具有同样半径的金属半球，半球中心有连接螺栓，图板通过连接螺栓固定在三脚架上。基座上有调平和制动两个螺旋，放松调平螺旋，图板可在三脚架上任意方向倾、仰，从而可将图板置平。拧紧调平螺旋，图板不能倾仰，可绕竖轴水平旋转。当拧紧制动螺旋时，图板固定。

照准仪是用来照准目标，并在图纸上标出方向线和点位的主要工具，构造如图 7-9 所示。它是一个带有比例尺刻画的直尺，尺的一端装有带观测孔的觇板，另一端觇板上开一长方形洞口，洞中央装一细竖线，由观测孔和细竖线构成一个照准面，供照准目标用。在直尺中部装一个水准管，供调平图板用。

对点器由金属架和线坠组成，借助对点器可将图上的站点与地面上的站点置于同一铅垂线上。

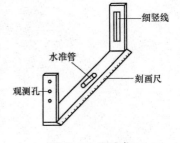

图 7-9 照准仪

长盒指北针是用来确定图板方向的。

2. 平板仪测图原理

如图 7-10 所示，地面上有 AOB 三点，在 O 点上水平安置图板，钉上图纸。利用对点器将地面上 O 点沿铅垂方向投影到图纸上，定出 o 点，将照准仪测孔端尺边贴于 o 点，以 o 点为轴（可去掉对点器，在 o 点插一大头针）平转照准仪，通过观测孔和竖线观测目标 A，当照准仪竖线与目标 A 重合时，在图纸上沿尺边过 o 点画出 OA 方向线，再量出 OA 两点地面的水平距离，按比例尺在方向线上标出 oa 线段，oa 直线就是地面上 OA 直线在图纸上的缩绘。

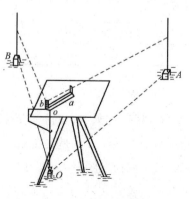

图 7-10 平板仪测图原理

再转动照准仪观测 B 点，当目标 B 与照准仪竖线重合时，沿尺边画出 OB 方向线，量出 OB 两点距离，按比例在方向线上标出 ab 线段。则图上 aob 三点组成的图形和地面上 AOB 三点的图形相似，这就是平板仪测图的原理。

按同样方法，可在图上测出所有点的位置，如果把所有相关点连成图形，就绘出了所要测的平面图。再测出各点高程，标在图上，就形成了既有点的平面、又有点的高程的地形图。

3. 平板仪的安置

（1）图板调平。方法是：将照准仪放在图板上，放松调平螺旋，倾、仰图板，让照准仪上水准管居中，将照准仪调转 $90°$，再调整图板，让水准管居中，直到照准仪放置在任何方向的气泡皆居中为止。

（2）对点。如图 7-11 所示，对点就是让图纸上的站点 a 和地面上站点 A 位于同一铅垂线上，对点时将对点器臂尖对准 a 点，然后移动三脚架让线坠尖对准地面上的 A 点。对点误差限值与测图比例尺有关，一般不超过比例尺分母的 $5‰$，见表 7-2。

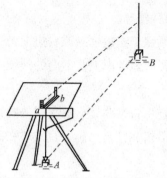

图 7-11 对点和直线定向

表 7-2 不同测图比例尺的对点允许误差

测图比例尺	对点允许误差（mm）	对点方法
1：500	25	对点器对点
1：1000	50	对点器对点
1：2000	100	目估对点
1：5000	250	目估对点

（3）图板定向。

1）根据控制点定向。当测区有控制点时，要把控制点（图根点）展绘在测图图纸上。展绘方法是先在测图上画出坐标方格网，然后根据控制点或图根点坐标，逐点展绘在图纸上。定向时，如图 7-11 所示，把照准仪尺边贴于 ab 直线上，将图板安在 A 点上，大致对点。通过照准仪照准 B 点，使 ab 展点和 AB 测点在一个竖直面内。然后平移图板，精确对点，这时测出的图形和已知坐标系统相一致。

2）根据测区图形定向（适于测图第一站）。先根据测区的长、宽，把测区图形大略地规划在图纸上，然后转动图板，使图纸上规划图形与地面图形方向一致，以便使整个测区能匀称地布置在图幅上。

3）根据测站点定向。图 7-11 中 AB 是地面测站点，欲在图上测出 ab 直线方向和 b 点位置。方法是：在 A 点安置图板，调平，对点，把照准仪尺边贴于 a 点，以 a 点为轴转动照准仪照准 B 点，然后沿尺边画出 ab 方向线，标出 b 点。因为图上 ab 点和地面上 AB 点对应关系已确定，所以图面方向已确定。此法主要用于转站测量或增设图根点。

4）利用指北针定向。利用指北针定向有以下两种情况。

①当对测图有方向要求时，应将指北针盒长边紧贴于图边框左或右边上，平转图板，使磁针北端指向零点，然后固定图板。布图时要考虑上北下南的阅图方法，这时图面坐标系统为磁子午线方向。

②当图面为任意方向，需要在图上标出方向时，可将指北针盒放在图的右上角，然后平转指北针盒。当磁针北端指向零点时，沿指北针盒边画一直线，在磁针北端标出指北方向，这时指北方向为磁北方向。

4．小平板仪测图方法

小平板仪量距测图是利用照准仪测定方向，用尺丈量距离相结合的测图方法，适于地形平坦、范围较小、便于量尺和精度要求较高的测区。测图方法如图

7-12 所示。将仪器安置在测站上，定向、对点、调平。

　　用照准仪照准 1 点，在图上标出 1 点方向线，实量 1 点至测站的距离，按测图比例在方向线上标出 1 点位置。

　　用同法依一定顺序（一般按逆时针方向）依次测出图上 1，2，…，9 点。测点要选择地物有代表性的特征点，如房屋拐角、道路中线、交叉路口、电杆以及地形变化的地方。凡在图上能表示图形变化的部位都应设测点。

　　如果操作熟练可不画方向线，直接在图上标出点位，以保持图

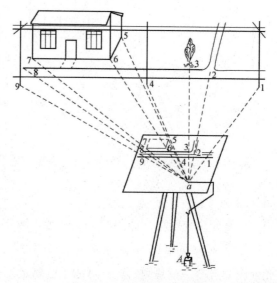

图 7-12　测图的基本方法

面规则、干净。量距读数误差不应超过测图比例尺分母的 5‰，即图上 0.05mm的长度。

　　然后将相关点连成线，如图中 5、6、7 点连线为房屋外轮廓线，1、4、9 点连线为输电线路，2、8 点连线为道路中线，3 点为树的单一地物。

　　对于测站不能直接测定的地物点，如房屋背面，可实地丈量，然后根据该点与其他相邻点的对应位置，按比例画在图上，便可画出完整的图形，如图中虚线部分所示。

　　由于受测量误差和描图误差的影响，测绘到图纸上的图形与实际可能不符，如把矩形变成菱形，地面上是直线测出来的却是折线等。因此，在测绘过程中要注意测量精度，对密切相关的相邻点还要实际量距，用实量距离改正图上的点位，以便使测图与实际相符。

三、测绘基本方法

1. 碎部点平面位置的测绘

　　（1）极坐标法。如图 7-13 所示，测定测站点至碎部点方向和测站点至后视点（另一个控制点）方向间的水平角 β，测定测站点至碎部点的距离 D，便能确定碎部点的平面位置。这就是极坐标法。极坐标法是碎部测量最基本的方法。

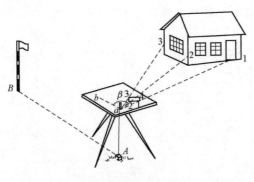

图 7 - 13　极坐标法测量碎部点的平面位置

（2）方向交会法。如图 7 - 14 所示，测定测站点 A 至碎部点方向和测站点 A 至后视点 B 方向间的水平角 β_1，测定测站点 B 至碎部点方向和测站点 B 至后视点 A 方向间的水平角 β_2，便能确定碎部点的平面位置。这就是方向交会法。当碎部点距测站点较远，或遇河流、水田及其他情况等人员不便达到时，可用此法。

（3）距离交会法。如图 7 - 15 所示，测定已知点 1 至碎部点 M 的距离 D_1、已知点 2 至 M 的距离 D_2，便能确定碎部点 M 的平面位置。这就是距离交会法。此处已知点不一定是测站点，可能是已测定出平面位置的碎部点。

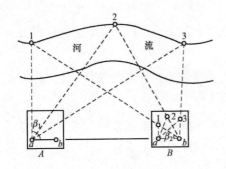
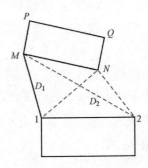

图7 - 14　方向交会法测量碎部点的平面位置　图 7 - 15　距离交会法测量碎部点的平面位置

2. 经纬仪测绘法

（1）碎部点的采集。碎部测量就是测定碎部点的平面位置和高程。地形图的质量在很大程度上取决于司尺人员能否正确合理地选择地形点。地形点应选在地物或地貌的特征点上，地物特征点就是地物轮廓的转折、交叉等变化处的点及独立地物的中心点。地貌特征点就是控制地貌的山脊线、山谷线和倾斜变化线等地性线上的最高、最低点，坡度和方向变化处、山头和鞍部等处的点。

地形点的密度主要取决于地形的复杂程度，也取决于测图比例尺和测图的目的。测绘不同比例尺的地形图，对碎部点间距以及碎部点距测站的最远距离有不同的限制。表 7 - 3 和表 7 - 4 给出了地形点最大间距以及视距测量方法测量距离时的最大视距的允许值。

表7-3　　　　　　　　　地形点最大间距和最大视距（一般地区）

测图比例尺	地形点最大间距（m）	最大视距（m）	
		主要地物特征点	次要地物特征点
1∶500	15	60	100
1∶1000	30	100	150
1∶2000	50	130	250
1∶5000	100	300	350

表7-4　　　　　　　　　地形点最大间距和最大视距（城镇建筑区）

测图比例尺	地形点最大间距（m）	最大视距（m）	
		主要地物特征点	次要地物特征点
1∶500	15	50	170
1∶1000	30	80	120
1∶2000	50	120	200

（2）测站的测绘。经纬仪测绘法的实质是极坐标法。先将经纬仪安置在测站上，绘图板安置于测站旁边。用经纬仪测定碎部点方向与已知方向之间的水平角，并以视距测量方法测定测站点至碎部点的距离和碎部点的高程。然后根据数据用半圆仪和比例尺把碎部点的平面位置展绘于图纸上，并在点的右侧注记高程，对照实地勾绘地形。全站仪代替经纬仪测绘地形图的方法，称为全站仪测绘法。其测绘步骤和过程与经纬仪法类似。

经纬仪测绘法测图操作简单、灵活，适用于各种类型的测区。以下介绍经纬仪测绘法一个测站的测绘工作程序。

1）安置仪器和图板。将经纬仪安置于测站点（控制点）上，进行对中和整平。量取仪器高 i，测量竖盘指标差 x。记录员在碎部测量手簿中记录，包括表头的其他内容。绘图员在测站旁边安置好图板并准备好图纸，在图上相应点的位置设置好半圆仪。

2）定向。经纬仪置于盘左的位置，照准另外一已知控制点以作为后视方向，置水平度盘 $0°00'00''$。绘图员在图上同名方向上画一短直线，短直线过半圆仪的半径，作为半圆仪读数的基准线。

3）立尺。司尺员依次将视距尺立在地物、地貌特征点上。立尺时，司尺员应弄清实测范围和实地概略情况，选定立尺点，并与观测员、绘图员共同商定跑尺路线。

4）观测。观测员照准视距尺，读取水平角、视距、中丝读数和竖盘垂直角读数。

5）计算、记录。记录员使用计算器根据视距测量计算式编辑程序，依据视距、中丝读数、竖盘读数和竖盘指标差 x、仪器高 i、测站高程，计算出平距和高程，报给绘图员。对于有特殊作用的碎部点，如房角、山头、鞍部等，应记录并加以说明。

6）展绘碎部点。绘图员根据观测员读出的水平角，转动半圆仪，将半圆仪上等于所读水平角值的刻画线对准基准线，此时半圆仪零刻画方向即为该碎部点的图上方向。根据计算出来的平距和高程，依照绘图比例尺在图上定出碎部点的位置，用铅笔在图上点示，并在点的右侧注记高程。同时，应将有关地形点连接起来，并注意检查测点是否有错。

7）测站检查。为了保证测图正确、顺利地进行，必须在新测站工作开始时进行测站检查。检查方法是在新测站上测量已测过的地形点，检查重复点精度在限差内即可。否则，应检查测站点是否展错。此外，在工作中间和结束前，观测员可利用时间间隙照准后视点进行归零检查，归零差应不大于 $4'$。在测站工作结束时，应检查确认本站的地物、地貌没有错测和漏测的部分，把一站工作清理完成后方可搬至下一站。

测图时还应注意，一个测区往往是分成若干幅图在进行测量，为了和相邻图幅拼接，本幅图应向图廓以外多测 5mm。

3. 地形图的绘制

外业工作中，当碎部点展绘在图纸上后，就可以对照实地随时描绘地物和等高线。

（1）地物描绘。地物应按地形图图式规定的符号表示。房屋轮廓应用直线连接，而道路、河流的弯曲部分应逐点连成光滑曲线。不能依比例描绘的地物，应按规定的非比例符号表示。

（2）等高线的勾绘。勾绘等高线时，首先用铅笔轻轻描绘出山脊线、山谷线等地性线，再根据碎部点的高程勾绘等高线。不能用等高线表示的地貌，如悬崖、陡崖、土堆、冲沟、雨裂等，应按图式规定的符号表示。

由于碎部点是选在地面坡度变化处，因此相邻点之间可视为均匀坡度，这样可在两相邻碎部点的连线上，按平距与高差成比例的关系，内插出两点间各条等高线通过的位置。如图 7-16（a）所示，地面上两碎部点 C 和 A 的高程分别为 202.8m 及 207.4m，若取基本等高距为 1m，则其间有高程为 203m、204m、

205m、206m 及 207m 等 5 条等高线通过。根据平距与高差成正比的原理，先目估定出高程为 203m 的 m 点和高程为 207m 的 q 点，然后将 mq 的距离四等分，定出高程为 204m、205m、206m 的 n、o、p 点。同法定出其他相邻两碎部点间等高线应通过的位置。将高程相等的相邻点连成光滑的曲线，即为等高线，结果如图 7-16（b）所示。

勾绘等高线时，应对照实地情况，先画计曲线，后画首曲线，并注意等高线通过山脊线、山谷线的走向。

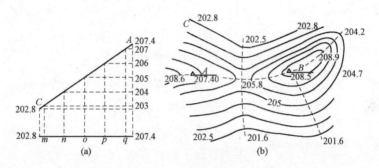

图 7-16　等高线的勾绘

四、地形图的应用

1. 地形图应用的基本内容

（1）求图上某点的坐标。大比例尺地形图上画有 10cm×10cm 的坐标方格网，并在图廓的西、南边上注有方格的纵、横坐标值，如图 7-17 所示。根据图上坐标方格网的坐标可以确定图上某点的坐标。例如，欲求图上 A 点的坐标，首先根据图上坐标注记和 A 点的图上位置，绘出坐标方格 abcd，过 A 点作坐标方格网的平行线 pq、fg 与坐标方格相交于 p、q、f、g 四点、再按地形图比例尺（1：1000）量出 $af=60.8$m，$ap=48.8$m，则 A 点的坐标为

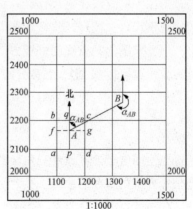

图 7-17　求某点 A 的坐标

$$X_A = X_a + af = 2100 + 60.7 = 2160.7 \text{(m)}$$
$$Y_A = Y_a + ap = 1100 + 48.6 = 1148.6 \text{(m)}$$

实际求解坐标时要考虑图纸伸缩的影响，根据量出坐标方格的长度并和理论值比较得出图纸伸缩系数，进行改正。既保证坐标值更精确，又起到校核量测结果的作用。

（2）求图上某点的高程。地形图上，点的高程可根据等高线的高程求得。如图 7-18 所示，若某点 A 正好位于等高线上，则 A 点的高程就是该等高线的高程，即 $H_A=51.0$m。若某点 B 不在等高线上，而位于 54m 和 55m 两根等高线之

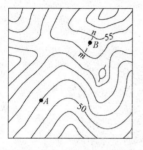

图 7-18 求某点 A 的高程

间，这时可通过 B 点作一条大致垂直于相邻两等高线的线段 mn，量取 mn 和 mB 的长度，分别为 9.0mm 和 6.0mm，已知等高距 h 为 1m，则可用内插法求得 B 点的高程为 54.66m。

实际求图上某点的高程时，通常根据等高线用目估法按比例推算该点的高程。

（3）求图上两点间的距离。求图上两点间的水平距离有以下两种方法。

1）根据两点的坐标求水平距离。先在图上求出两点的坐标，再按坐标反算公式算出两点间的水平距离。例如，图 7-17 中，要求 AB 两点的水平距离，可以先在图上求出 A、B 两点的坐标值 x_A、y_A 和 x_B、y_B，然后按式（7-1）反算 AB 的水平距离 D_{AB}，即

$$D_{AB} = \sqrt{(x_B - x_A)^2 + (y_B - y_A)^2} \qquad (7-1)$$

2）在地形图上直接量距。用两脚规在图上直接卡出 A、B 两点的长度，再与地形图上的直线比例尺比较，即可得出 AB 的水平距离。当精度要求不高时，可用比例尺（三棱尺）直接在图上量取。

（4）求图上某直线的坐标方位角。如图 7-17 所示，要求图上直线 AB 的坐标方位角，可以根据已经求出的或已知的 A、B 两点的坐标值 x_A、y_A 和 x_B、y_B，按式（7-2）坐标反算公式计算直线 AB 的坐标方位角，即

$$\alpha_{AB} = \arctan \frac{y_B - y_A}{x_B - x_A} = \arctan \frac{\Delta y_{AB}}{\Delta x_{AB}} \qquad (7-2)$$

当使用电子计算器或三角函数表计算时，要根据两点坐标差值的正负符号确定坐标方位角所在的象限。

在精度要求不高时，可用图解法或用量角器在图上直接量取坐标方位角。

（5）求图上某直线的坡度。在地形图上求得直线的长度以及两端点的高程后，则可按式（7-3）计算该直线的平均坡度，即

$$i = \frac{h}{dM} = \frac{h}{D} \qquad (7-3)$$

式中　d——图上量得的长度；

　　　M——地形图的比例尺分母；

　　　h——直线两端点间的高差；

　　　D——该直线的实地水平距离。

坡度通常用千分率（‰）或百分率（%）的形式表示。"＋"为上坡，"－"为下坡。

若直线两端点位于相邻等高线上，则求得的坡度，可认为符合实际坡度。假如直线较长，中间通过许多条等高线，且等高线的平距不等，则所求的坡度，只是该直线两端点间的平均坡度。

（6）量测图形面积。在工程建设和规划设计中，常常需要在地形图上量测一定轮廓范围内的面积。量测面积的方法比较多，以下为常用的几种方法。

1）坐标计算法。如图 7-19 所示，对多边形进行面积量算时，可在图上确定多边形各顶点的坐标（或以其他方法测得），直接用坐标计算面积。

根据图形对面积计算的推导，可以得出当图形为 n 边形时的面积计算的一般形式为

$$A = \frac{1}{2} \sum_{i=1}^{n} x_i (y_{i+1} - y_{i-1})$$

若多边形各顶点投影于 y 轴，则有

$$A = \frac{1}{2} \sum_{i=1}^{n} y_i (x_{i+1} - x_{i-1})$$

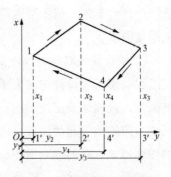

图 7-19　坐标计算法计算面积

式中　n——多边形边数。当 $i=1$ 时，y_{i-1} 和 x_{i-1} 分别用 y_n 和 x_n 代入。

可用两公式算出的结果互作计算检核。

对轮廓为曲线的图形进行面积估算时，可采用以折线代替曲线的方法进行估算。取样点的密度决定估算面积的精度，当对估算精度要求高时，应加大取样点的密度。该方法可实现计算机自动计算。

2）透明方格纸法。如图 7-20 所示，要计算曲线内的面积 A，将一张透明方格纸覆盖在图形上，数出曲线内的整方格数 n_1 和不足整格的方格数 n_2。设每个方格的面积为 a，则曲线围成的图形实地面积为

$$A = \left(n_1 + \frac{1}{2} n_2 \right) = aM^2$$

式中　M——比例尺分母，计算时应注意 a 的单位。

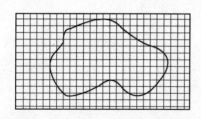

图 7-20　透明方格纸法计算面积

3）平行线法。如图 7-21 所示，在曲线围成的图形上绘出间隔相等的一组平行线，并使两条平行线与曲线图形边缘相切。将这两条平行线间隔等分得相邻平行线间距为 h。每相邻平行线之间的图形近似为梯形。用比例尺量出各平行线在曲线内的长度为 l_1，l_2，$\cdots$，l_n，则根据梯形面积计算公式先计算出各梯形面积，然后累计图形总面积 A 为

$$A = A_1 + A_2 + \cdots + A_n$$

$$= h(l_1、l_2、\cdots、l_n) = h\sum_{i=1}^{n} l_i$$

4）求积仪法。求积仪是一种专供在图上量算图形面积用的仪器，其优点是量算速度快、操作简便、适用于各种不同几何图形的面积量算，且能达到较高的精度要求。

2. 按设计线路绘制纵断面图

在线路工程设计中，为了进行填挖土（石）方量的概算，合理地确定线路的纵坡，需要较详细地了解沿线方向的地形起伏情况，为此，可根据大比例尺地形图绘制该方向的纵断面图。

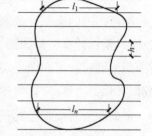

图 7-21　平行线法计算面积

如图 7-22 所示，要沿 MN 方向绘制断面图。先在图纸上或方格纸上绘 MN 水平线，过 M 点作 MN 垂线，水平线表示距离，垂线表示高程，如图 7-23 所示。水平距离一般采用与地形图相同的比例尺或选定的比例尺，称为水平比例尺；为了明显地表示地面的高低起伏变化情况，高程比例尺一般为水平距离比例尺的 10 倍或 20 倍。然后在地形图上沿 MN 方向线，量取交点 a，b，c，$\cdots$，i 等点至 M 点的距离，按各点的距离数值，自 M 点起依次截取于直线 MN 上，则得 a，b，c，$\cdots$，i 各点在直线 MN 上的位置。在地形图上读取各点的高程，然后再将各点的高程按高程比例尺画垂线，就得到各点在断面图上的位置。最后将各相邻点用平滑曲线连接起来，即为 MN 方向的断面图。

3. 按限制坡度绘制同坡度线和选定最短线路

在道路、管线等工程的规划中，一般要求按限制坡度选定一条最短路线或一等坡度线，可以在地形图上完成此项工作。

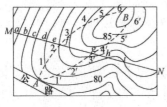

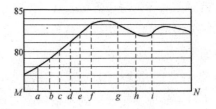

图 7-22 地形图　　　　　　图 7-23 *MN* 方向断面图

如图 7-22 所示，地形图比例尺为 1∶2000，等高距为 1m，要求从 *A* 点到 *B* 点选择坡度不超过 7% 的线路。为此，先根据 7% 坡度求出相邻两等高线间的最小平距 $d=h/I=1/0.07=14.3m$，在 1∶2000 地形图上为 7.1mm。将分规卡成 7.1mm 的长度，以 *A* 为圆心，以 7.1mm 为半径作弧与 81m 等高线交于 1 点，再以 1 点为圆心作弧与 82m 等高线交于 2 点，依次定出 3，4，…，6 各点，直到 *B* 点附近，即得坡度不大于 7% 的线路。在该地形图上，用同样的方法还可定出另一条线路 *A*，1′，2′，…，6′，作为比较方案。这时比较两条路线的长度就可以得出一条最短的线路。

在实际工作中，要最后确定这条线路，还需综合考虑地质条件、人文社会、工程造价、环境保护等众多因素。

4. 确定汇水面积

当道路跨越河流或沟谷时，需要修建桥梁或涵洞。桥梁或涵洞的孔径大小，取决于河流或沟谷的水流量，水的流量大小又取决于汇水面积。地面上某区域内雨水注入同一山谷或河流，并通过某一断面（如道路的桥涵），这一区域的面积称为汇水面积。汇水面积可由地形图上山脊线的界线求得，山脊线和设计断面线所包围的面积，就是设计桥涵的汇水面积。

5. 平整场地中的土石方量计算

（1）等高线法。在图上先量出各等高线所包围的面积，相邻两等高线包围的面积平均值乘以等高距，即为相邻两等高线间的体积（即土方量），再求和即为总土方量。

等高线法可用于估算水库的库容量，也可用于地面起伏较大且仅计算挖方量的场地。

（2）断面法。线路建设中，沿中线至两侧一定范围内带状区域的土石方量常用断面法来估算。这种方法是在施工场地的范围内，以一定的间隔绘出断面图，求出各断面由设计高程线与地面线围成的填、挖面积，然后计算相邻断面间的土方量，最后求和即为总土方量。

（3）方格网法。该法用于地形起伏不大的大面积场地平整的土石方量估算。其步骤如下。

1）绘方格网并求格网点高程。在地形图上拟平整场地范围内绘方格网，方格网的边长主要取决于地形的复杂程度、地形图比例尺的大小和土石方估算的精度要求，一般为 10m×10m、20m×20m。根据等高线确定各方格顶点的高程，并注记在各顶点的上方。

2）确定场地平整的设计高程。应根据工程的具体要求确定设计高程。大多数工程要求填、挖方量大致平衡，按照这个原则计算出设计高程。

3）计算填、挖高度。用格顶点地面高程减设计高程即得每一格顶点的填、挖方的高度。

4）计算填、挖方量。根据方格网 4 个角点的高程，场地边缘界线与方格网边交点的高程，以及场地的设计高程，综合计算填方和挖方。

第八章

竣工测量及竣工图绘制

一、建筑工程竣工测量

1. 竣工测量的基本要求

（1）竣工测量的目的。

1）验收与评价工程是否按图施工的依据。

2）工程交付使用后，进行管理、维修的依据。

3）工程改建、扩建的依据。

（2）竣工测量资料内容。

1）测量控制点的点位和数据资料（如场地红线桩、平面控制网点、主轴线点及场地永久性高程控制点等）。

2）地上、地下建筑物的位置（坐标）、几何尺寸、高程、层数、建筑面积及开工、竣工日期。

3）室外地上、地下各种管线（如给水、排水、热力、电力、电信等）与构筑物（如化烘池、污水处理池、各种检查井等）的位置、高程、管径、管材等。

4）室外环境工程（如绿化带、主要树木、草地、园林、设备）的位置、几何尺寸及高程等。

（3）竣工测量的工作要点。做好竣工测量的关键是：从工程定位开始就要有次序地、一项不漏地积累各项技术资料。尤其是对隐蔽工程，一定要在还土前或下一步工序前及时测出竣工位置，否则就会造成漏项。在收集竣工资料的同时，要做好设计图纸的保管，各种设计变更通知、洽商记录均要保存完整。

竣工资料（包括测量原始记录）及竣工总平面图等编绘完毕，应由编绘人员与工程负责人签名后，交使用单位与国家有关档案部门保管。

2. 建筑竣工图绘制

（1）编绘竣工总平面图的意义。竣工总平面图是设计总平面图在施工结束后实际情况的全面反映。工程建筑物都是按照总平面图上的设计位置而进行施工建设的，但是在施工过程中，由于设计时没有考虑到的原因而变更设计位置的情况是比较经常发生的，另外也可能会由于测量误差（主要指系统误差）的影响，使建筑物的竣工位置与设计位置不完全一致。同时，为了给考查核定工程质量提供依据，为了给建筑物投产后营运中的管理、维修改建、扩建等提供可靠的图纸资料，一般应编绘竣工总平面图。其目的在于以下几点。

1）它是对建筑物竣工成果和质量的验收测量。

2）它将便于日后进行各种设施的维修工作，特别是地下管道等隐蔽工程的检查和维修工作。

3）为企业的改、扩建提供了原有各建筑物、地上和地下各种管线及测量控制点的坐标、高程等资料。

因此，在工程竣工后应该及时编绘反映建筑物竣工面貌的竣工总平面图。编绘竣工总平面图，需要在施工过程中收集一切有关的资料和必要的实地测量，并对资料加以整理，然后及时进行编绘。为此，从建筑物开始施工起，就应有所考虑和安排。

（2）绘制竣工总平面图的依据。

1）设计总平面图，单位工程平面图和设计变更资料（图）。

2）建筑物定位测量资料、施工检查测量及竣工测量资料。

3）有关部门和建设单位的具体要求。

（3）竣工总平面图的内容。

1）竣工总平面图的内容。竣工总平面图的内容包括承建工程的地上建筑物和地下构筑物竣工后的平面位置及高程，凡按设计坐标定位施工的工程，应先在竣工总平面图的底图上绘制方格网，把地上的控制点也展绘在图上，并说明所采用的坐标系统及高程系统，若建筑物定位点的实测坐标与设计坐标之差超过规范规定的允许值，应把实测坐标也标注在图上。对于无坐标值的附属部分，应把它与主要建筑物的相对尺寸标注在图上。

凡按与现有建筑物的关系定位施工的工程，应把实测的定位关系数据标注在图上。

对于在施工现场由设计部门或建设单位指定施工位置的工程竣工后应进行现状图测绘，并把主要的实测数据标注在图上。

2）竣工总平面图的分类。对于建筑范围较大，建筑物较复杂的工程，如将测区所有地上建筑物和地下构筑物都绘在一张总平面图上，这样将会造成图上的内容太多，线条密集，不易辨认。此时，为了图面清晰醒目，便于使用，可根据工程建筑物的密集与复杂程度，按工程性质分类编绘竣工总平面图。比如把地上、地下分类编绘，把房屋与道路分类编绘，把上、下水道与其他管道分类编绘等，最后可以形成分类总平面图。例如，综合竣工总平面图、工业管线竣工总平面图、分类管道竣工平面图及厂区铁路和道路竣工总平面图等。

3）竣工总平面图的附件。为了全面反映竣工成果，与竣工总平面图有关的一系列资料应作为附件提交。这些资料主要有以下几个方面。

①建筑场地原始地形图。

②设计变更文件及设计变更图。

③建筑物定位、放线，检查及竣工测量资料。

④建筑物沉降观测与变形观测资料。

⑤各种管线竣工纵断面图等。

（4）竣工总平面图编绘方法。新建的企业竣工总平面图最好是随着工程的陆续竣工相继进行编绘。一面竣工，一面利用竣工测量成果进行编绘。如发现问题，特别是地下管线的问题，就应及时到现场查对，使竣工总平面图能真实地反映实地情况。

竣工总平面图的编绘，一般包括竣工测量和室内展点编绘两方面的内容。

1）竣工测量。建筑物和构造物竣工验收时进行的测量工作，称为竣工测量。竣工测量可以利用施工期间使用的平面控制点和水准点进行施测。如原有控制点不够使用时，应补测控制点。对于主要建筑物的墙角，地下管线的转折点、窨井中心、道路交叉点、架空管网的转折点、结点及烟囱中心等重要地物点的竣工位置，应根据控制点采用极坐标法或直角坐标法实测其坐标；对于主要建筑物和构筑物的室内地坪、上水道管顶、下水道管底、道路变坡点等，可用水准测量的方法测定其高程；一般地物、地貌则按地形图要求进行测绘。

2）竣工总平面图的室内编绘。竣工总平面图应包括测量控制点、厂房、辅助设施、生活福利设施、架空与地下管线、道路等建筑物和构筑物的坐标、高程，以及厂区内净空地带和尚未兴建区域的地物、地貌等内容。

竣工总平面图的室内编绘方法如下。

①首先在图纸上绘制坐标方格网，图纸上方格网的方格一般为 $10cm \times 10cm$。一般使用两脚规和比例尺来绘制，其精度要求与地形测图的坐标格网相同，图廓对角线的允许误差为 $\pm 1mm$。

②展绘控制点：坐标方格网画好后，标定出纵横各方格网点的坐标值，将施工控制点按坐标值展绘在图上。图上展点对邻近的方格点而言，其允许误差为±0.3mm。

③展绘设计总平面图：根据坐标方格网，将设计总平面图的图面内容按其设计坐标，用铅笔展绘于图纸上，作为底图。实际上就是一幅重新绘制的设计总平面图。

④展绘竣工总平面图。

a. 根据设计资料展绘。凡按设计坐标定位施工的工程，应以测量定位资料为依据，按设计坐标（或相对尺寸）和标高展绘。建筑物和构筑物的拐角、起止点、转折点应根据坐标数据展点成图，对建筑物和构筑物的附属部分，如无设计坐标，就可用相对尺寸绘制。若原设计变更，则应根据设计变更资料编绘。

b. 根据竣工测量资料或施工检查测量资料展绘。在工业与民用建筑施工中，在每一个单位工程完成后，应该进行竣工测量，并提出该工程的竣工测量成果。对凡有竣工测量资料的工程，若竣工测量成果与设计值之比差不超过所规定的定位容许误差时，按设计值编绘，否则，应按竣工测量资料编绘。根据上述资料编绘成图时，对于厂房应使用黑色墨线绘出该工程的竣工位置，并应在图上注明工程名称、坐标和高程及有关说明。对于各种地上、地下管线，应用各种不同颜色的墨线绘出其中心位置，注明转折点及井位的坐标、高程及有关说明。在一般没有设计变更的情况下，墨线的竣工位置与按设计原图用铅笔绘的设计位置应重合，但其坐标及高程数据与设计值比较可能稍有出入。随着施工的进展，逐渐在底图上将铅笔线都绘成墨线。

c. 现场实测。对于直接在现场指定位置进行施工的工程，以固定物定位施工的工程，多次变更设计而无法查对的工程，竣工现场的竖向布置、围墙和绿化情况，施工后尚保留的大型临时设施以及竣工后的地貌情况，都应根据施工控制网进行实测，加以补充。外业实测时，必须在现场绘出草图，最后根据实测成果和草图，在室内进行补充展绘，便成为完整的竣工总平面图。

对于需要分类编绘的大型工程和较复杂的工程，可以根据实际情况，按照实际需要分类编绘，如综合竣工总平面图、工业管线竣工总平面图、分类管道竣工平面图及厂区铁路、道路竣工总平面图等。

二、市政工程竣工测量

1. 市政工程竣工测量工作内容及要求

（1）市政工程竣工测量。

1）市政工程竣工测量的目的。

①为验收和评价工程是否按设计图纸施工提供依据。

②工程交付使用后，为管理、维修与改扩建提供依据。

③为城市建设规划、设计及其他工程施工提供依据。

2）市政工程竣工测量的主要内容。

①道路中心线的起点、终点、转折点及交叉路口等的平面位置坐标和高程。

②地上和地下各种管线中心线的起点、终点、折点、交叉点、变坡点、变径点等的平面位置坐标及高程。

③地上和地下各种建（构）筑物的平面位置坐标、几何尺寸和高程等。

④地下管线调查。

⑤将所测各点位坐标、高程及其他有关资料综合成竣工测量成果表。

⑥将已竣工工程展绘到相应的 1：500 带状地形图上，或展绘在 1：500 基本地形图上，成为竣工图。

（2）地下管线竣工测量的基本精度要求。

1）用解析坐标法测量的管线点位中误差（指测点相对于邻近解析控制点）不应大于 ±5cm，管线点的高程中误差（指测点相对于邻近高程起算点）不应大于 2cm；对于直埋电缆（规定测其沟道中心），其点位中误差不应大于 ±5cm；管线点的高程中误差（指测点相对于邻近高程起算点）不应大于 2cm。

2）用图解法测绘地下管线点与邻近主要地物点、相邻管线、规划道路中心线的间距图上误差不应大于 ±1.1mm。

（3）用解析坐标测量地下管线所依据导线的布设与主要技术要求。

1）导线的布设。

①地下管线坐标测量应尽量直接使用城市一、二级导线。需重新布设导线时，应按三、四级导线要求布设成起闭于一、二级导线或三角点上的附合导线。

②导线点应选在欲测点附近，应尽可能布设成直伸形状。相邻点应互相通视，地势应较平坦，桩位易于保存。

③导线相邻边长应大致相等，平均边长及导线总长应符合技术要求（见表

8-1)，在不测地下管线地段，边长可适当放长、但相邻边长之比不应超过1：3。

④特殊情况下需做支点导线时，支点应不超过四个，边长不应超过后视边长的二倍，总长不超过500m。

2）导线主要技术要求。

导线主要技术要求见表8-1。

表 8-1　　　　　　　　　　　　　　　　导线主要技术要求

等级	测区范围	平均边长（m）	导线总长（km）	角度观测测回数	方位角闭合差（″）	边长测量方法 钢尺	边长测量方法 测距仪	坐标相对闭合差	导线超长时坐标闭合差的限差（m）
三等	三环路之内	150	1.6	J6、2 J2、1	±24$\sqrt{n}$	单程精概量法、单程错尺量法读数至mm	单向测边两次差值不超过1cm	1/5000	0.32
三等	三环路之外	250	3.6	J6、2 J2、1	±24$\sqrt{n}$	单程精概量法、单程错尺量法读数至mm	单向测边两次差值不超过1cm	1/5000	0.72
四等	三环路之内	150	1.0	J6、J2、1	±40$\sqrt{n}$	单程借尺法读数至mm	单向测边两次差值不超过1cm	1/3000	0.32
四等	三环路之外	160	2.2	J6、J2、1	±40$\sqrt{n}$	单程借尺法读数至mm	单向测边两次差值不超过1cm	1/3000	0.72
高程测量应起闭于等级水准点或一、二级导线点，闭合差不应超过±10mm$\sqrt{n}$，单程观测，估读至mm									

注：1. 特殊情况下需在四级导线上再附合一次时，应按四级导线技术要求。

　　2. 在控制点稀少地区导线总长可放宽。钢尺量距导线：三级4.4km，四级2.6km。光电测距导线：三级为6.6km，四级为3.9km。但坐标闭合差应满足表中导线超长时的要求。

　　3. 导线总长在500m以下时坐标相对闭合差三级可放宽至1/3000，四级可放宽至1/2500。

　　4. 支导线测量可按三级导线要求。

3）导线计算的步骤。

①根据导线各左夹角（β）计算角度闭合差。

a. 计算角度闭合差（$f_{\beta测}$）。

b. 计算允许闭合差（三级导线角度允许闭合差 $f_{\beta允} \leqslant \pm 24''\sqrt{n}$）。

c. 若精度合格，则将角度闭合差按反号平均分配。

②根据已知方位角（φ）及导线各调整后的左夹角（β）推算各边方位角，并做计算校核。

③根据各边方位角（φ）及边长（D）计算各边坐标增量（Δx、Δy）。

a. 计算各边坐标增量。

b. 计算增量闭合差（f_y、f_x）及导线精度（k）（三级导线的允许精度 $k \leqslant \dfrac{1}{5000}$）。

c. 若精度合格，则将增量闭合差按反号与边长成正比例分配。

d. 用调整后的坐标增量推算各导线点坐标（y，x），并做计算校核。

根据以上计算步骤，将闭合与附合两种导线的计算公式列于表 8-2 中。

（4）线路转折点坐标的测算。线路转折点的坐标可采用导线串测法或极坐标法施测和支点测法。导线串测法是把欲测点相继连接成闭合导线形式，用上述第 3 条第（3）款方法求算坐标。极坐标法是在已知控制点上设站，测出欲求点与已知点间边长及夹角，推算出方位角，再计算欲求点坐标。

竣工测量技术规定：用钢尺量距时，一般边长不超过后视边长的两倍，最长应不超过 200m，按三级导线要求丈量，必要时应进行尺长改正、温度改正和倾斜改正。用光电测距仪测边长应加倾斜改正和仪器常数改正。水平角应观测一测回。

对热力、燃气（高、中压）、上水（$\phi300$ 以上）的折点可用支点测法，支点不应超过 4 个点，边长不应超过后视边长的两倍，总边长不应超过 500m；边长用单程精概量法或用光电测距仪测距，水平角观测左、右角各一测回，测站圆周角闭合差应不超过 $\pm40''$。计算原理同上述第 3 条第（3）款（不调整角度闭合差及坐标增量闭合差）。

（5）地下管线高程测量的主要技术要求。把地下管线的测点布设成附合水准路线或结点水准网。特殊情况下，可布设同级附合水准路线（但以二次附合为限）。水准路线要起闭于等级水准点或经三、四等水准联测的导线点上，其闭合差不应超过 $\pm6mm\sqrt{n}$（n 为测站数）。使用 S3 水准仪和带有水准气泡的水准尺单程观测，读数至 mm。水准尺至测站间的距离一般不应超过 70m，前后视距离应尽量相等。起闭于导线点时，应检测相邻三点的高差是否相符，满足要求时方可使用。

水准路线用简单分配误差法计算，构成结点的水准网采用加权平均法计算，数值取至 mm。

地下管线点的高程计算至 cm。个别点也可采用中视法观测，两次较差应小于 1cm，符合要求后取平均值。

（6）各种地下管线高程施测部位的要求。各种地下管线高程施测部位见表 8-3。

表 8-2　**导线计算步骤与公式**

计算步骤	闭合导线	附合导线
(1) 计算角度闭合差	$f_{\beta测} = \sum \beta_{理} - (n-2) \cdot 180°$	$f_{\beta测} = \varphi_{始} + \sum \beta_{测} - n \cdot 180° - \phi_{终}$
调整角度闭合差	当闭合差在允许范围以内时，将 $f_{\beta测}$ 按相反符号，平均调整到各角上，	各角改正数总和应等于角度闭合差（但符号相反）。
计算校核	$\sum \beta_{理} = (n-2) \cdot 180°$	$\Phi_{终} = \Phi_{始} + \sum \beta_{理} - n \cdot 180°$
(2) 推算各边方位角	$\phi_{前} = \phi_{后} + \beta \pm 180°$	
计算校核	重推出始边方位角应与原值相等。	推算闭合边的方位角应等于 $\phi_{终}$。
(3) 计算各边坐标增量	$\Delta y = D \cdot \sin\phi$ $\Delta x = D \cdot \cos\phi$	
计算坐标增量闭合差	$f_y = \sum \Delta y_{测}$ $f_x = \sum \Delta x_{测}$	$f_y = \sum \Delta y_{测} - (y_{终} - y_{始})$ $f_x = \sum \Delta x_{测} - (x_{终} - x_{始})$
计算导线全长闭合差	$f = \sqrt{f_y^2 + f_x^2}$	
计算导线精度	$k = \dfrac{f}{\sum D}$	
调整坐标增量闭合差	精度在允许范围内时，将 f_x、f_y 按各边长正比号反比例号调整到各坐标增量上。即： $v_{y1} = \dfrac{-f_y}{\sum D} \cdot D_1$ $V_{y1} + V_{y2} + \cdots + V_{yn} = -f_y$ $V_{x1} + V_{x2} + \cdots + V_{xn} = -f_x$	$v_{yf} = \dfrac{-f_y}{\sum D} \cdot D_i$ $v_{xf} = \dfrac{-f_x}{\sum D} \cdot D_i$
计算校核	$\sum \Delta y_{理} = 0$ $\sum \Delta x_{理} = 0$	$\sum \Delta y_{理} = y_{终} - y_{始}$ $\sum \Delta x_{理} = x_{终} - x_{始}$
(4) 推算各点坐标	$y_{前} = y_{后} + \Delta y$ $x_{前} = x_{后} + \Delta x$	
计算校核	推算闭合点坐标与原值相符	推算闭合点坐标应与 $y_{终}$、$x_{终}$ 相符

表 8 - 3　　　　　　　　　　各种地下管线高程施测部位

类别		管（沟）内底高	管外顶高	管径或断面	偏管距离	构筑物与管件	材料性质及修建时间	备注
给水（水）φ≥75mm			△	△（管径）	△	△	△	注明管材
污水（污）φ≥300mm		△		△	△		△	雨污水合流按污水算，非圆形管沟断面注明宽×高，注明沟形，注明流向
雨水（雨）φ≥500mm								
燃气（天、煤、液）			△	△（管径）	△	△（小室尺寸）	△	注明压力等级
热力（热）	有沟道	△	△	△（宽×高）	△	△（小室尺寸）		无沟道应注明材料的厚度，拱形沟量取拱顶高程
	无沟道		△	△				
（电力）（力）	沟道	△	△	△（宽×高）	△	△	△	标准设计的转折点检修井，要注明长端方向；非标准设计的要量长、短端距离，并绘略图 电力应注明电压。路灯、电车、电缆应注记"路灯""电车"字样。电信电缆要注明条数。电力电缆要注明电压×条
	管道							
（电信）（话）（广）（长）（信）	管块	△	△	△（宽×高）	△	△	△	
	直埋电缆		△	△（条数）		△		
工业管道（工）	自流压力	△	△	△	△	△		管子测外顶高，管沟测内底高

注：表中有△者为必须调查项目。构筑物指各种管线的检修井、晒开、进出水口、水源井、闸阀、消火栓、水表、排气门、抽水缸、小室（电信电缆分人孔、手孔）等。管件指三通、四通、变径通、弯管、盖堵等。

（7）各种地下管线设施调查的基本内容与要求。

1）地下管线设施调查的基本内容见表 8 - 3。

2）地下管线设施调查的要求。

①各种地下管线应在明槽时施测，特别情况下，可采用先用固定地物拴出点位，量取比高，回填后再测坐标和高程。拴点误差三角形内接圆直径不应大

于 15cm。

②应现场直接填写调查表，原始调查数据都应按要求正式记录。

③应测部位高程都应按当地统一高程系统，直接实测。如因条件限制用尺量取再换算时，误差不应大于±5cm。

④断面尺寸，电信管道以 cm 计，其他以 mm 计。

⑤标记方法：电信电缆"条数"；电力电缆"电压×条数"；管道"管径"；沟道"宽×高"或"断面形式，宽×高"；两条平行的（重叠或并行），性质相同的设施应注明，如"2×ϕ1000"；各种预留管或甩头要注明"预留"；管线三通，先记主管管径，后注支管管径，如 ϕ200～ϕ100；偏离管路要注明偏距和方向，如东北管，偏东 0.3m。偏距≤0.2m 可忽略。

⑥地下管线的来龙去脉要清楚，管线起点、终点、折点、分支点、变径点、变坡点及附属构筑物、管件等主要点位要测全。直线段一般每隔 150m 选测一点，高程点位与平面点位应取一致。

（8）各种地下管线竣工测量资料整理与装订要求。地下管线竣工测量资料整理及装订要求规格统一，装订有序，封面上工程名称与施工图应一致。工程件号等应填写清楚。装订顺序一般应为：工作说明（概况、施测情况及遗留问题）、管线测量成果表、略图、导线及管线坐标测量资料、水准测量资料、调查资料、附件有施工平面图、纵断面及横断面图、竣工线路位置图、质量检查验收记录等。

（9）各种地下管线竣工测量检查验收主要内容：地下管线竣工测量的成品必须经过作业班、组自检和本单位技术部门的审核，并经市主管部门验收合格后才能作为测量成品移交有关部门。检查验收的主要内容如下。

1）各项测量是否符合规定，使用的起算数据是否正确。

2）成果表抄写得是否完全、正确。

3）记录、计算的数值是否正确，记录应填写的项目是否齐全、工作说明是否清楚。

4）所测的地下管线有无错误或丢漏，管线的来龙去脉连接走向是否正确合理，与施工图的内容（包括工程变更）是否相符合。

2. 导线测量外业工作

（1）闭合导线测量外业工作。

1）踏勘选点。首先收集有关测量资料，包括地形图、现有控制点分布简图，然后，到现场踏勘。根据踏勘收集的情况，在图上规划导线的初步方案。最后到实地合理地选定导线点位置，使之布设成闭合导线形式。导线边长应满足表 8 - 4 中的要求。

表 8 - 4　　　　　　　　　　导线测量主要技术要求

等级		附合导线长度（m）	平均边长（m）	往返测量较差相对误差	测角中误差（"）	测合数 DJ2	测合数 DJ6	方位角闭合差（"）	导线全长相对闭合差
一级		2500	250	1/20 000	±5	2	4	±10√n	1/10 000
二级		1800	180	1/15 000	±8	1	3	±16√n	1/7000
三级		1200	120	1/10 000	±12	1	2	±24√n	1/5000
图标	1∶500	500	75	1/3000				±60√n	1/2000
	1∶1000	1000	110						
	1∶2000	2000	180						

2）埋设标志。导线点选定后，应在点位上埋设标志。导线点标志有临时性标志（即在木桩上钉一个小钉作标志），有永久性标志（即埋设混凝土桩或石桩，桩顶嵌入带有"＋"的金属标志，或将标志直接嵌入水泥地面或岩石上，作为永久性标志）。

标志埋设好后，应按顺序统一编号，并绘一草图，注明与附近明显地物的关系，称为点之记。

3）测量边长。用检定过的钢卷尺，采用往、返测量的形式测量导线边长，测量结果应满足表 8-1 中的要求。

4）测转折角。观测导线转折角时，一般用测回法施测。

转折角位于导线前进方向左侧的，称为左角。位于导线前进方向右侧的，称为右角。

闭合导线观测内角，如果闭合导线按顺时针方向编号，则内角为右角。如果闭合导线按逆时针方向编号，则内角为左角。测角误差应满足表 8-4 中的要求。

5）导线连接测量。当导线需要与高级控制点连接时，则需进行导线连接测量。导线连接测量时，需要观测已知方向与导线边的夹角（称为连接角）及连接边，如图 8-1 中 β_A、β_1 及连接边 D_{A1}。

（2）附合导线测量外业工作。附合导线外业工作与闭合导线基本相同，不过在踏勘选点时，应该布设成附合导线形式。测转折角一般观测左角，如图 8-2 中角 β_B、β_1、β_2、β_3、

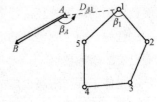

图 8-1　导线连接测量

β_C，也可观测右角（与左角相对应的角）。

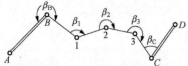

图 8-2　附合导线

（3）支导线测量外业工作。支导线测量外业工作在测转折角时应分别观测左角和右角，其余与前两种导线形式相同。

如果测区及附近没有高级控制点，则应用罗盘仪测出导线起始边的磁方位角，并假定起始点的坐标，作为导线的起始数据。

3. 市政工程竣工图绘制

（1）编制（绘制）市政工程竣工图的技术要求：各种专业竣工图的绘制内容、图示、格式等，均按国家、专业系统相应的有关标准、规定、通则的要求进行绘制。各类竣工图的绘制应符合如下要求。

1）各类专业工程的总平面位置图。比例尺一般采用 1：500～1：1000。此图的绘制应以地形图为依托（基础图），该地形图的技术要求应符合《城市测量规范》及北京市专业管理部门的有关规定，其内容可适当简化（择要地形、地物），图上应标绘坐标方格网并择点注记其坐标数据。总平面位置图的工程内容，一般应包括以下几个方面。

①工程总体布局与其相关的主要道路、单位、工厂及工程的名称。

②工程定位数据（必须是竣工实测），如工程起止端、折点的坐标或相关物的距离，与道路规划永中（永久中线的简称）或路中的距离、工程边界线等。

③有关规划设计参数，如占地面积等。

④必要的文字说明。

⑤图例。

⑥指北针。

2）管线工程平面图。比例尺一般采用 1：500～1：2000。此图的绘制与上述绘制总平面位置图的要求相同。管线工程平面图的工程内容除绘制如下所述总平面位置图的内容外还应绘制如下内容。

①管线走向、管径（断面）、附属设施（检查井、人孔等）、里程、长度等及主要点位的坐标数据。

②主体工程与附属设施的相对距离及竣工测量数据。

③现状地下管线及其管径、高程。

④道路永中、路中、轴线、规划红线等。

⑤预留管、口及其高程、断面尺寸和所连接管线系统的名称。下列管线工程

在平面图上的表示方法：

a. 利用原建管线位置进行改建、扩建管线工程，在平面图上要表示原建管线的走向、管材和管径，表示方法可加注符号或文字说明。

b. 随新建管线而废弃的管线，无论是否移出埋设现场，均应在平面图上加以说明，并注明废弃管线的起、止点。

3）管线工程纵断面图。按照不同的专业采用不同的图标，其图示内容必须包括相关的现状管线、构筑物（注明管径、高程等）及根据专业管理的要求补充必要的内容。

4）管线竣工测量资料与其在竣工图上的编绘。

①竣工测量资料的技术要求应符合《北京市地下管线竣工测量技术规定》和《北京市地下人防工程竣工测量技术规定》。

②各种专业管线的竣工施测，以"解析法"（坐标法）为基本方法，远郊区一般性工程因地处施测条件困难，可采用"图解法"（拴点法）。

③竣工测量资料的测点编号、数据及反映的工程内容（指设备点、折点、变径点、变坡点等）应与竣工图相对应。

④采用"图解法"施测，其用图比例尺应不小于 1：500；当采用较小比例尺时，应择点绘大样图（点志记）。

⑤测量观测点（测点）的布设，应按照管线专业的要求准确地反映管线的平面、竖向及附属设施等的特征点的位置，一般测点应包括以下几个方面。

a. 管线起点、终点、折点、分支点、变径点、变坡点、管线材质更换点等。

b. 检查井、小室、人孔、管件、进出口、预留管（口）等。

c. 与沿线其他管线、设施相交叉点。

d. 管线直线段两点之间距离较长且无其他点时应适当增设测点，其点间最大距离不得超过 150m（远郊区 200m）。

（2）绘制市政工程竣工图的基本方法：绘制竣工图以施工图为基本依据，视施工图改动的不同情况采用重新绘制或利用施工图改绘成竣工图。

1）重新绘制。如下情况，应重新绘制竣工图。

①施工图纸不完整，而具备必要的竣工文件材料。

②施工图纸改动部分在同一幅图中覆盖面积超过 1/3 及不宜利用施工图改绘清楚的图纸。

③各种地下管线（小型管线除外）。

2）利用施工图改绘竣工图。如下情况，可利用施工图改绘成竣工图。

①具备完整的施工图纸。

②局部变动，如结构尺寸、简单数据、工程材料、设备型号等及其他不属于工程图形改动并可改绘清楚的图纸。

③施工图图形改动部分在同一幅图中覆盖图纸面积不超过 1/3。

④各专业小型管线（如小区支、户线）工程改动部分不超过工程总长度的 1/5（超过 1/5 应重新绘制）。

3）绘制竣工图应注意的问题。

①洽商记录的附图，应作为竣工图的补充，如绘制质量不合格应重新绘制。

②属于改动图形的洽商记录，而内容超出其相应施工图的范围应补充绘图。

③重复变更的图纸，应按最终变更的结果绘图。

④绘制管线工程竣工图，所需数据必须是合格的竣工测量成果。

⑤采用标准图、通用图（一般在图纸中标注了图型号）作为施工图的只需把有改动的图纸按要求绘制竣工图，其余不再绘图，也不编入竣工文件材料中。

⑥无论采用何种绘制竣工图的方法，均须绘制竣工图标题栏。

参 考 文 献

［1］中华人民共和国住房和城乡建设部．建筑与市政工程施工现场专业人员职业标准（JGJ/T 250—2011）［S］．北京：中国建筑工业出版社，2011.

［2］北京土木建筑学会．测量员必读［M］．北京：中国电力出版社，2013.

［3］本书编委会．建筑施工手册［M］.5版．北京：中国建筑工业出版社，2012.

［4］北京市建设教育协会．测量验线员［M］．北京市住房和城乡建设行业专业人员岗位考核培训教材，2010.

［5］中华人民共和国住房和城乡建设部．建筑基坑工程监测技术规范（GB 50497—2009）［S］．北京：中国建筑工业出版社，2009.

［6］中华人民共和国住房和城乡建设部．工程测量规范（GB 50026—2007）［S］．北京：中国计划出版社，2007.

［7］中华人民共和国住房和城乡建设部．建筑变形测量规范（JGJ 8—2007）［S］．北京：中国建筑工业出版社，2007.